计算机基础技术应用

——从移动互联到电子商务

主　编　曹维祥　李家兵

参　编　(排名不分先后)

金先好　金宗安　刘颜颜

牛传明　王国隽　王　红

殷玲玲　张明存　申子明

吴　涛

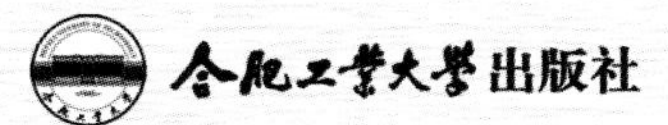

内容提要

本书是基于"做中学"理念的案例式教程，针对高职学生，重实践轻理论，全书分为11个任务，主要内容包括Windows操作系统的基本操作，智能移动终端的使用，Office办公软件，电子商务基础和搜索引擎的使用。

本书可作为高职院校信息技术基础课程的教材，也适合想学习"互联网+"背景下信息技术基础知识和技能的读者。

图书在版编目(CIP)数据

计算机基础技术应用：从移动互联到电子商务/曹维祥，李家兵主编．—合肥：合肥工业大学出版社，2016.8(2021.8重印)

ISBN 978-7-5650-2771-0

Ⅰ.①计… Ⅱ.①曹…②李… Ⅲ.①互联网络—计算机技术 Ⅳ.①TP393.4

中国版本图书馆CIP数据核字(2016)第118113号

计算机基础技术应用

——从移动互联到电子商务

主 编 曹维祥 李家兵　　责任编辑 张择瑞 吴毅明

出 版	合肥工业大学出版社	版 次	2016年8月第1版
地 址	合肥市屯溪路193号	印 次	2021年8月第3次印刷
邮 编	230009	开 本	787毫米×1092毫米 1/16
电 话	理工教材编辑部：0551-62903204	印 张	5.5
	市 场 营 销 部：0551-62903198	字 数	134千字
网 址	www.hfutpress.com.cn	印 刷	安徽联众印刷有限公司
E-mail	hfutpress@163.com	发 行	全国新华书店

ISBN 978-7-5650-2771-0　　定价：20.00元

前　　言

高等学校的学生必须掌握计算机基础知识和技能，但在“互联网＋”和“创新创业”背景下的今天，计算机基础知识和技能的概念随着时代在变化，掌握移动智能终端设备和软件的使用、掌握必需的电子商务知识和技能，正如20年前要求高校学生掌握PC机的基础知识和技能一样。

本书的课程组尝试进行《计算机文化基础》课程教学改革，改革适应经济社会发展需要，培养学生掌握“互联网＋”时代的必备信息技能，培养学生利用“互联网＋”进行就业创新的意识。

本书结合高职学生学情，采用基于“做中学”理念的案例式教学，内容浅显易懂，配有大量插图，全书分为11个任务，每个任务内容如下：

任务一　管理文件。学习完该任务后学生能够正确的处理一般场景下文件和文件夹。

任务二　配置Windows系统。学习完该任务后学生能够配置Windows系统的常用设置。

任务三　应用APP软件。学习完该任务后学生能够利用手机等移动智能终端设备和软件改善生活、学习中部分事务的效率和质量。

任务四　配置智能终端。学习完该任务后学生能够配置手机等移动智能终端设备的常用设置。

任务五　制作比赛通知。学习完该任务后学生能够使用Word编排一般场景下的文档。

任务六　制作成绩表。学习完成该任务后学生能够使用Excel处理一般场景下的电子表格。

任务七　设计校园简介。学习完该任务后学生能够使用PowerPoint设计和制作一般场景下的幻灯片。

任务八　网上购物。学习完该任务后学生能够安全地进行网上购物。

任务九　开设淘宝网店。学习完该任务后学生熟悉在淘宝网上开设网店的流程。

任务十　开设微店。学习完该任务后学生熟悉利用微信平台开设微店的流程。

任务十一　检索专业概况。学习完该任务后学生能够正确使用网络搜索引擎，合理使用网络资源，能够检索、整理网络信息。

本书由六安职业技术学院曹维祥和李家兵老师担任主编，任务一和任务二由牛传明老师编写，任务三由曹维祥老师编写，任务四由曹维祥和张明存老师合作编写，任务五由曹维祥老师编写，任务六由王红老师编写，任务七由金先好老师编写，任务八和任务九由刘颜颜和申子明老师合作编写，任务十由王国隽和殷玲玲老师合作编写，任务十一由金宗安和吴涛老师合作编写。最后的统稿和校对由曹维祥和李家兵老师完成。

在本书编写的过程中，得到六安职业技术学院相关领导和老师的关心和指导，得到六安职业技术学院信息与电子工程学院所有同仁的关心和帮助，在此一并表示感谢。

由于时间的限制和经验的不足，书中难免有不妥和疏漏之处，恳求同仁和广大读者予以指正。

编　者

2016 年 3 月

目　录

任务一　管理文件

1.1　任务目标

使用文件夹对文件进行分类管理，对文件、文件夹进行复制、移动和改名。

1.2　主要步骤

1. 认识桌面；
2. windows 窗口操作；
3. 文件和文件夹基本操作；
4. 整理文件。

1.3　结果预览

无。

1.4　任务实现

1. Windows 桌面

Windows 系统启动后进入的界面称为桌面，桌面包括桌面图标、开始按钮、任务栏、提示区等，任务栏位于屏幕的底部，任务栏上显示正在运行程序的图标，单击这些图标可以在不同的程序之间切换，桌面左下角是“开始”按钮，通过“开始”按钮可以启动应用程序或进行计算机设置，桌面如图 1－1 所示。

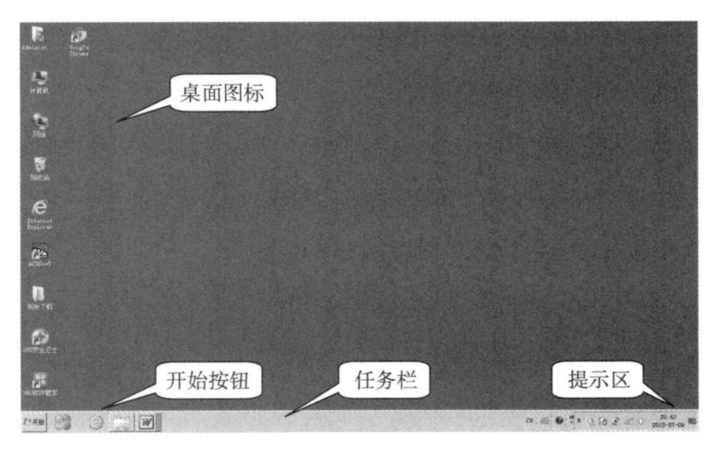

图 1－1　桌面

2. Windows 窗口

鼠标双击【计算机】图标，会打开“计算机”窗口，如图 1－2 所示。

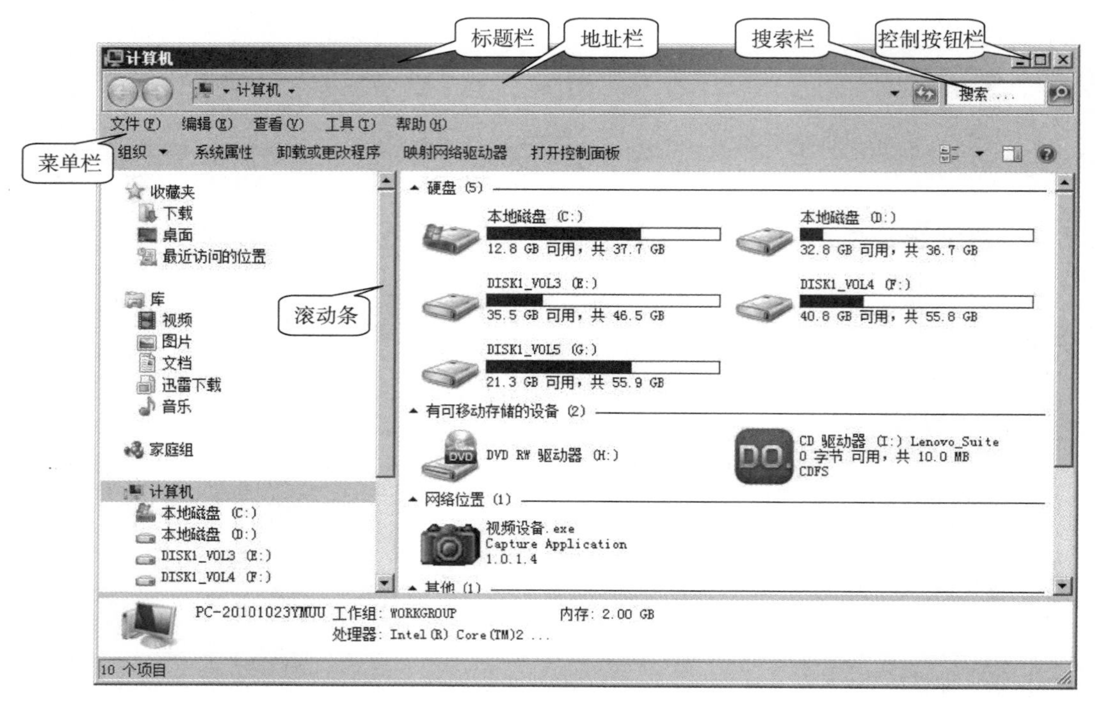

图 1－2　我的电脑

通常 Windows 窗口的典型部件有：

(1)标题栏——显示文档和程序的名称(如果当前打开的是文件夹，则显示文件夹的名称)。

(2)最小化、最大化和关闭按钮——可以隐藏窗口、放大窗口使其填充整个屏幕以及关闭窗口。

(3)菜单栏——包含供选择的功能菜单项。

(4)滚动条——可以滚动窗口的内容。

(5)边框和角——可以用鼠标指针拖动边框和角改变窗口的大小。

3. 文件和文件夹基本操作

(1)新建文件夹

打开要创建文件夹的目标位置(如 D 盘)，在工作区窗口的空白处单击鼠标右键，在快捷菜单中，依次选择【新建】→【文件夹】，在新建立的文件夹里输入文件夹名称，如图 1－3 所示。

(2)新建文本文件

打开要新建文件的目标位置(如 D 盘)，在工作区窗口空白处，单击鼠标右键在快捷菜单中依次选择【新建】→【文本文档】，如图 1－4 所示。

图 1－3　新建文件夹

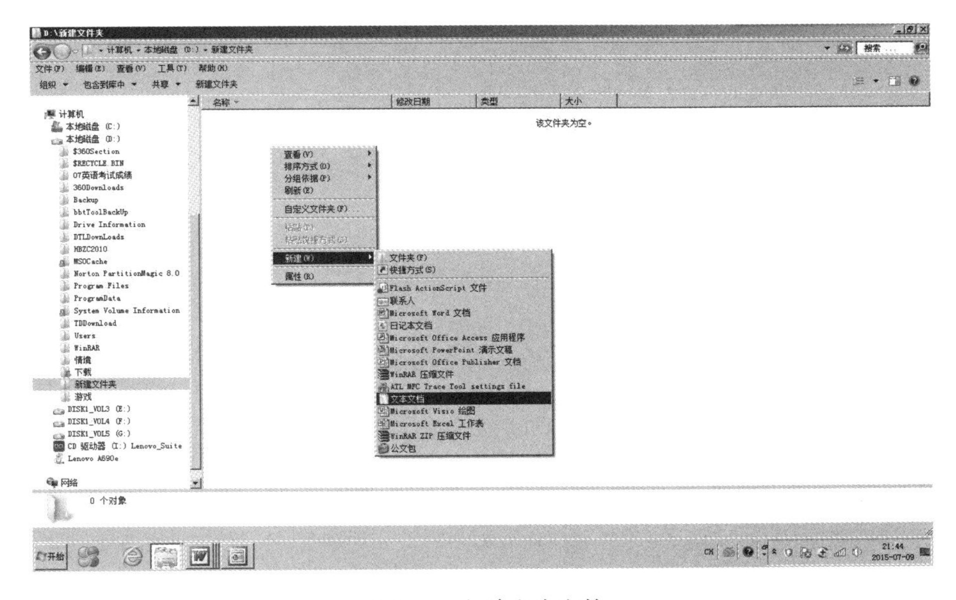

图 1－4　新建文本文档

(3)修改文件扩展名

① 打开我的电脑窗口，依次点选【工具】→【文件夹选项】，如图 1－5 所示。

② 在文件夹选项窗口找到【隐藏已知文件类型的扩展名】，把前面的对号去掉，如图 1－6所示。

③ 鼠标右键单击要改扩展名的文件，在快捷菜单中，选择【重命名】，并将文件扩展名 txt 修改为 bat，如图 1－7 所示。

图 1－5　文件夹选项

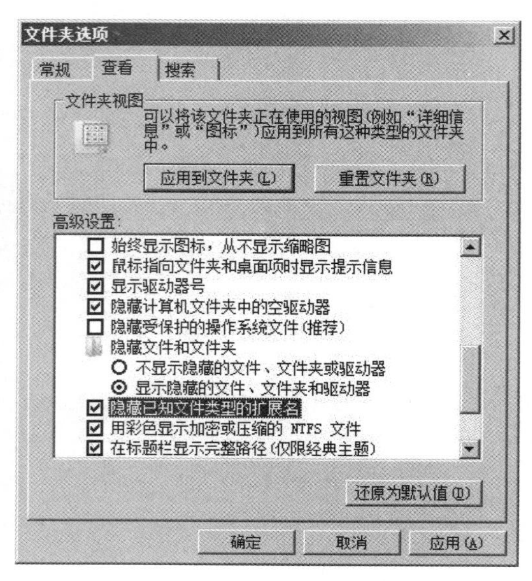

图 1－6　隐藏已知文件类型的扩展名

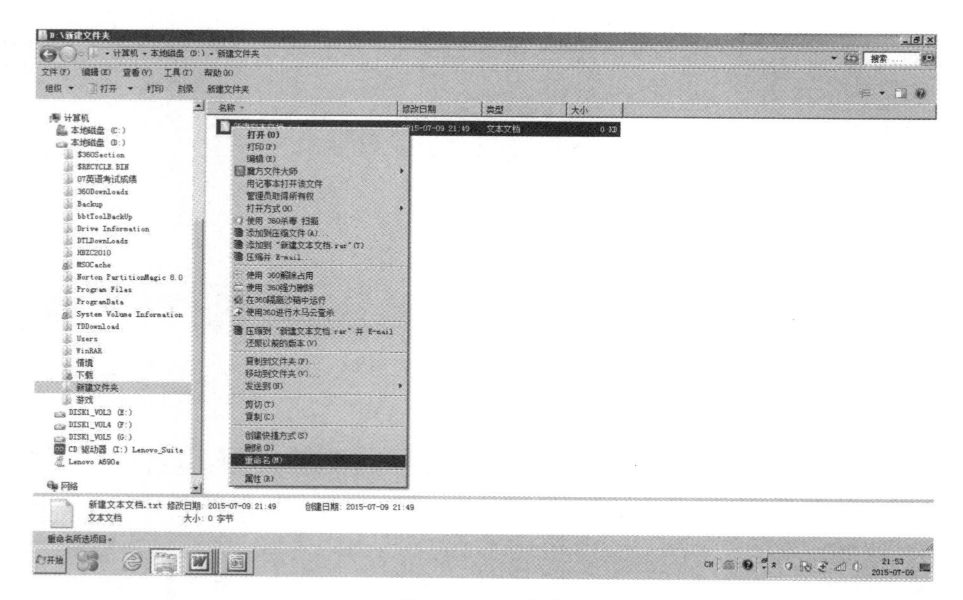

图 1－7　重命名

(4)修改文件属性

① 鼠标右键单击要改属性的文件，在快捷菜单中选择【属性】，如图 1－8 所示。

② 在属性对话框中，根据需要钩选【隐藏】或【只读】属性，如图 1－9 所示。

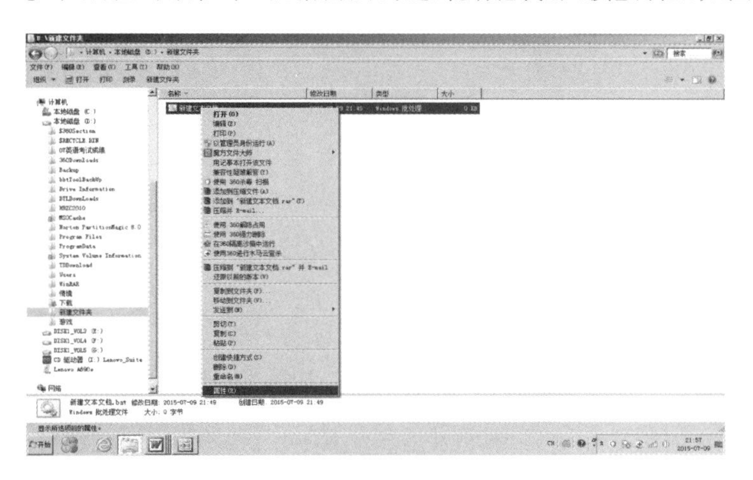

图 1－8 属性菜单　　　　图 1－9 属性选项

3. **文件整理**

一个磁盘里的文件太多时会显得很杂乱(图 1－10)，我们应使用文件夹对文件进行分类整理，文件可以按文件类型进行整理，也可以按文件用途整理。

图 1－10 文件示例

按文件类型进行整理：

(1)在 D 盘新建一个文件夹，命名为“word 文档”，如图 1－11 所示。

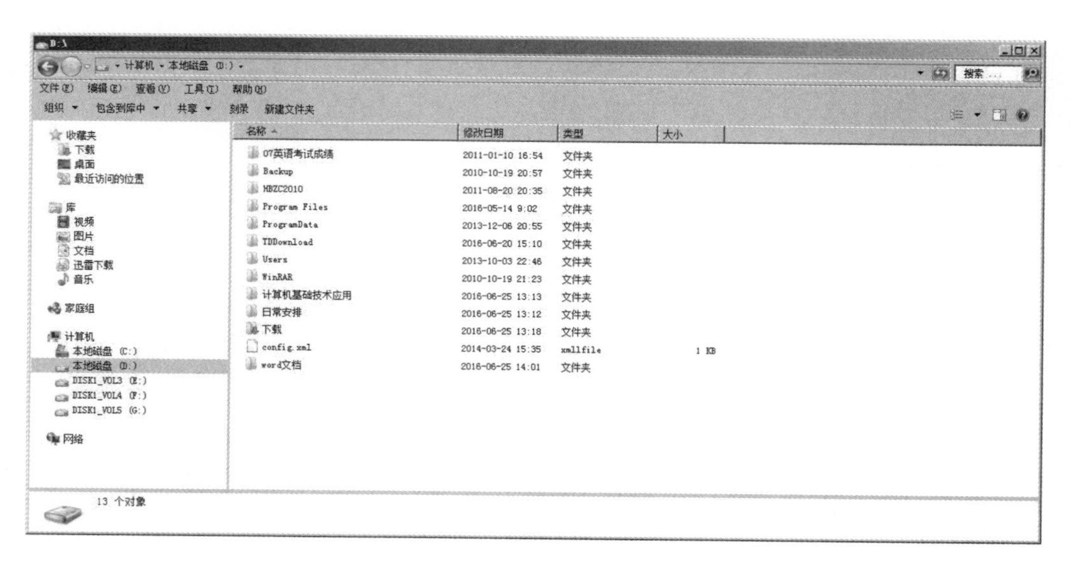

图 1－11　新建文件夹

(2)打开“word 文档”文件夹，调整窗口到屏幕的右边，再打开源文档文件夹，调整窗口到屏幕的左边，如图 1－12 所示。

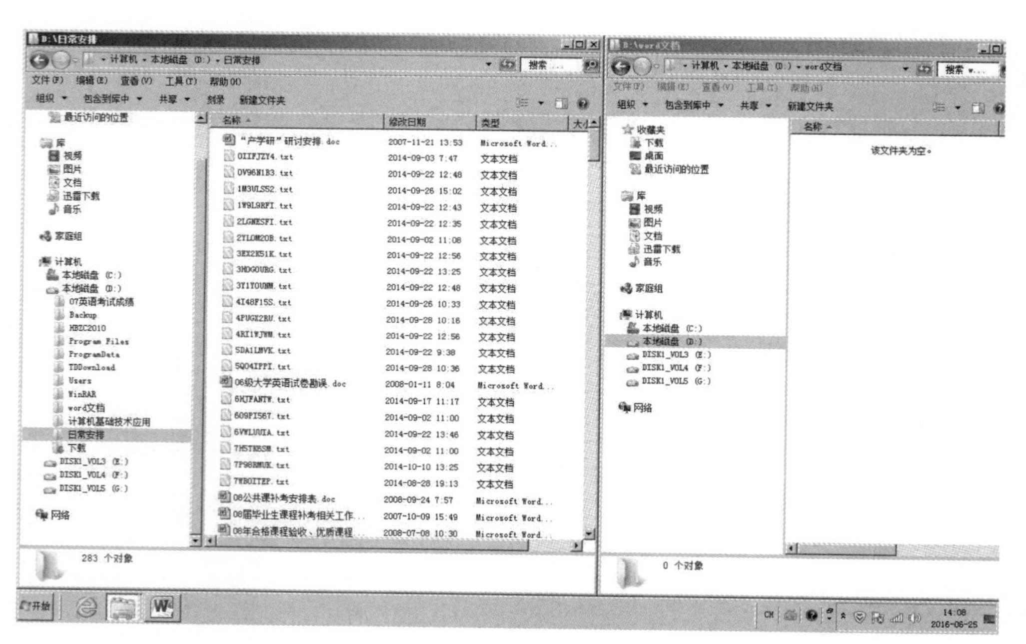

图 1－12　安排窗口

(3)单击窗口右上方的“类型”，使窗口中的文件按文件类型进行排序，拖动窗口垂直滚动条到合适位置，让窗口显示 word 文档，如图 1－13 所示。

(4)用鼠标左键单击第一个 word 文档，按住 shift 键不放，再用鼠标左键单击最后一个 word 文档，选中所有的 Word 文档，如图 1－14 所示。

图 1-13　调整窗口

图 1-14　选中文件

(5)在任一个已选择的文档上单击鼠标右键,在快捷菜单中选“剪切”,如图 1-15 所示。

图 1-15　剪切文件

(6)鼠标指向“word 文档”文件夹的空白区域,单击鼠标右键,选择“粘贴”,如图 1-16 所示,完成后结果如图 1-17 所示。

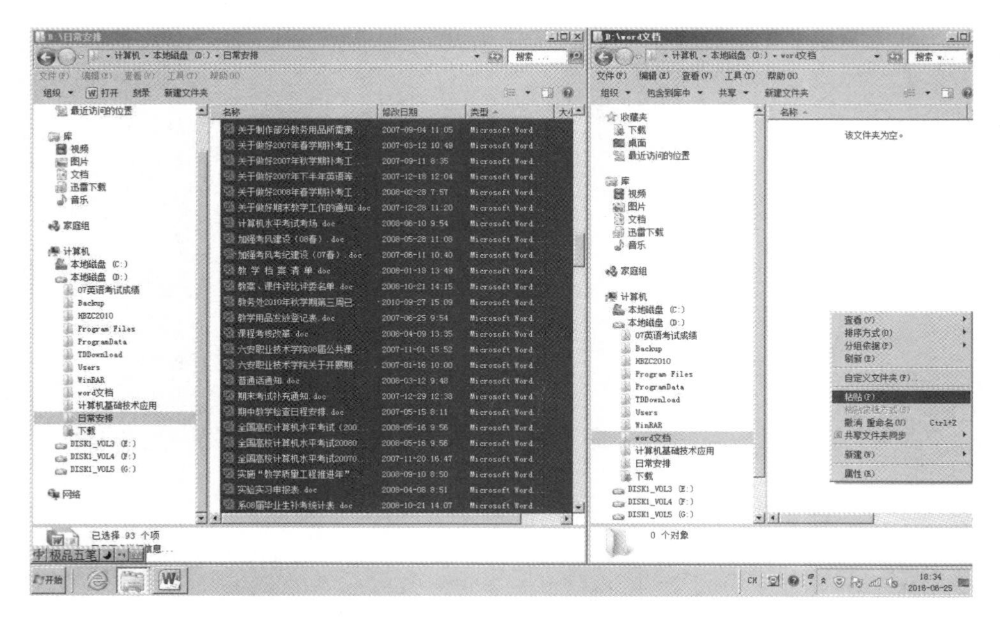

图 1－16　粘贴文件

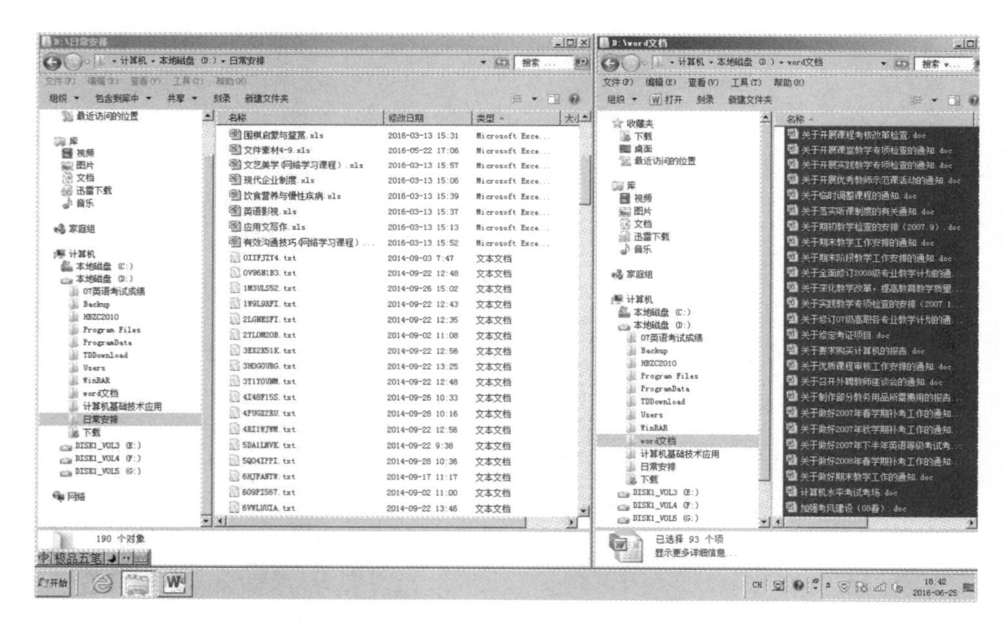

图 1－17　结果

1.5　任务小结

本次任务学习了：

1. Windows 桌面的构成；

2. 窗口的基本操作；
3. 新建文件和文件夹；
4. 文件扩展名和属性的修改；
5. 整理文件。

1.6 任务拓展

在E盘新建文件夹，将文件夹命名为自己的姓名，在文件夹内，新建一个 word 文档，再新建一个文本文档，在文本文档里输入文字“欢迎进入大学学习时期”，把文本文档重命名为自己的姓名。

任务二 配置 Windows 系统

2.1 任务目标

能通过控制面板配置 Windows 系统。

2.2 主要步骤

1. 打开控制面板；
2. 卸载和更改程序；
3. 设置系统安全；
4. 设置电源计划。

2.3 结果预览

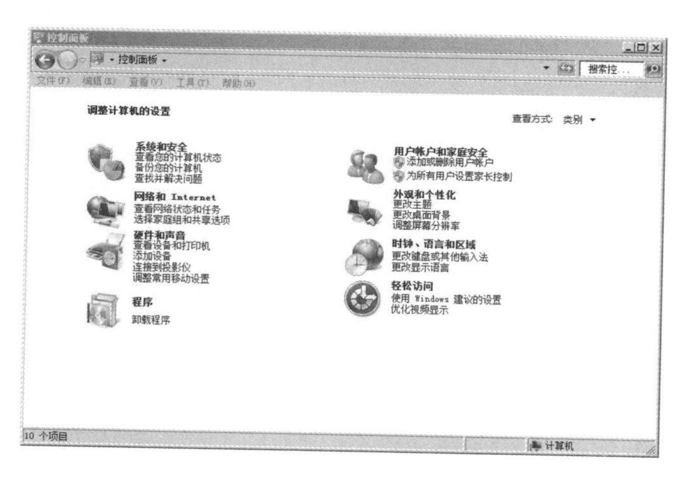

图 2－1 控制面板

2.3 任务实现

1. 打开控制面板

双击桌面上【计算机】图标，然后点选我的电脑窗口上方的【打开控制面板】按钮，打开

“控制面板”窗口如图 2－2 所示。

图 2－2　打开控制面板

2. **添加或删除程序**

(1)卸载程序

① 在“控制面板”窗口，点选【程序】组件，打开“程序”窗口，如图 2－3 所示。

② 在“程序”窗口，点选【程序和功能】组件，打开“卸载或更改程序”窗口，如图 2－4 所示。

③ 点选要卸载的应用程序，再单击窗口上方的【卸载】按钮，卸载应用程序。

图 2－3　程序窗口

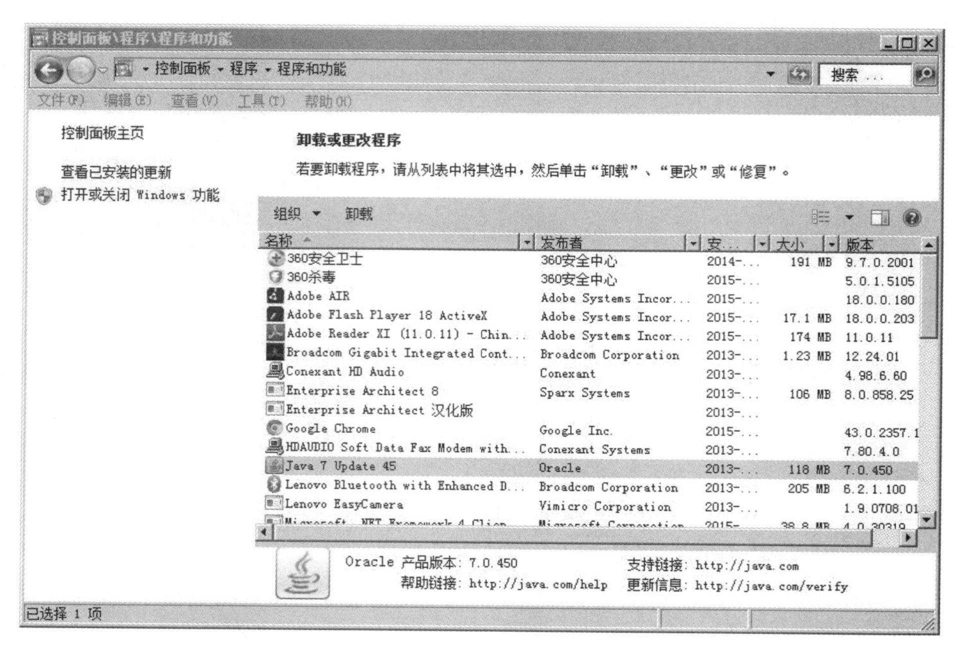

图 2－4　卸载或更改程序

(2)打开或关闭 windows 功能

① 在【卸载或更改程序】的左边，点击【打开或关闭 windows 功能】，打开 Windows 功能窗口，如图 2－5 所示。

② 根据需要，选中或取消 Windows 功能后，点选【确定】按钮，打开或关闭 Windows 功能。

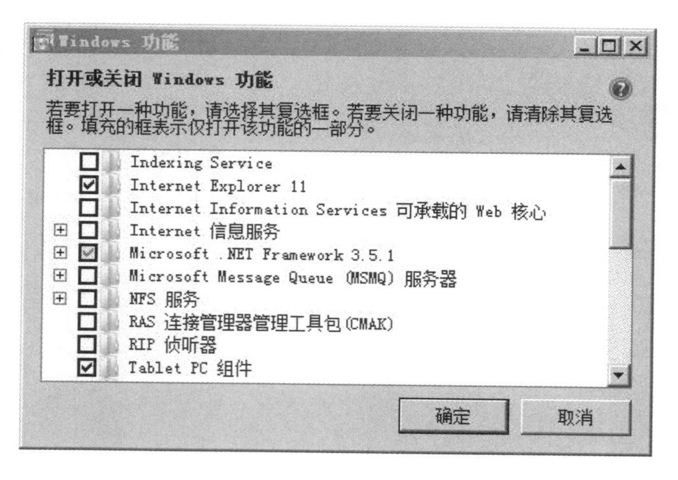

图 2－5　Windows 功能

3. 设置 Windows 防火墙

(1)在【控制面板】窗口中点击【系统和安全】，打开“系统和安全”组件，如图 2－6 所示。

图 2-6　系统和安全

(2)点击【windows 防火墙】,打开“Windows 防火墙”窗口,点击窗口左边【打开或关闭 windows 防火墙】,如图 2-7 所示。

(3)在防火墙“自定义设置”窗口根据需要启用或关闭 Windows 防火墙,如 2-8 所示。

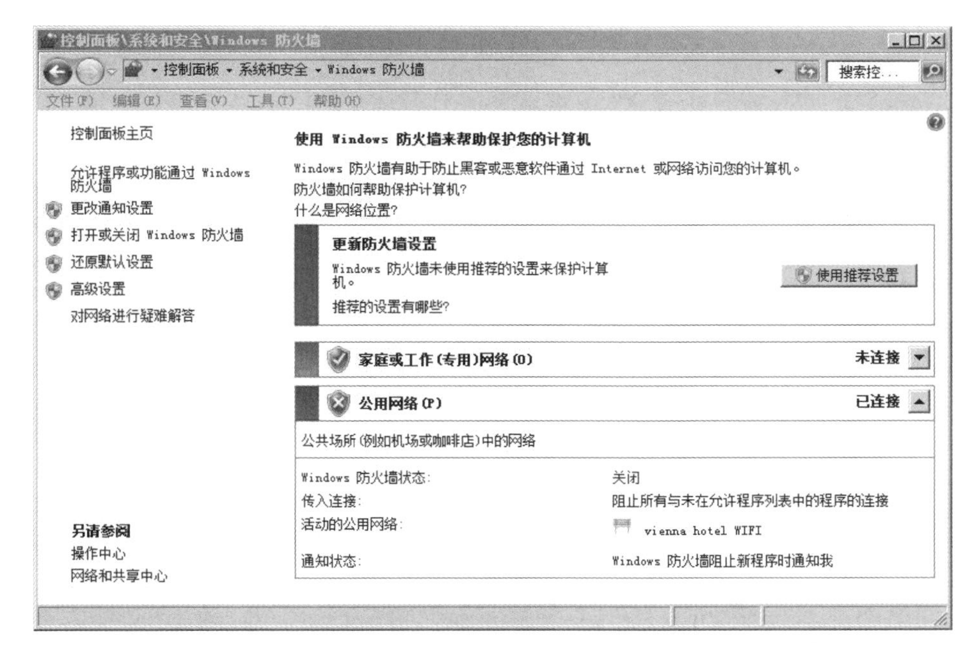

图 2-7　Windows 防火墙

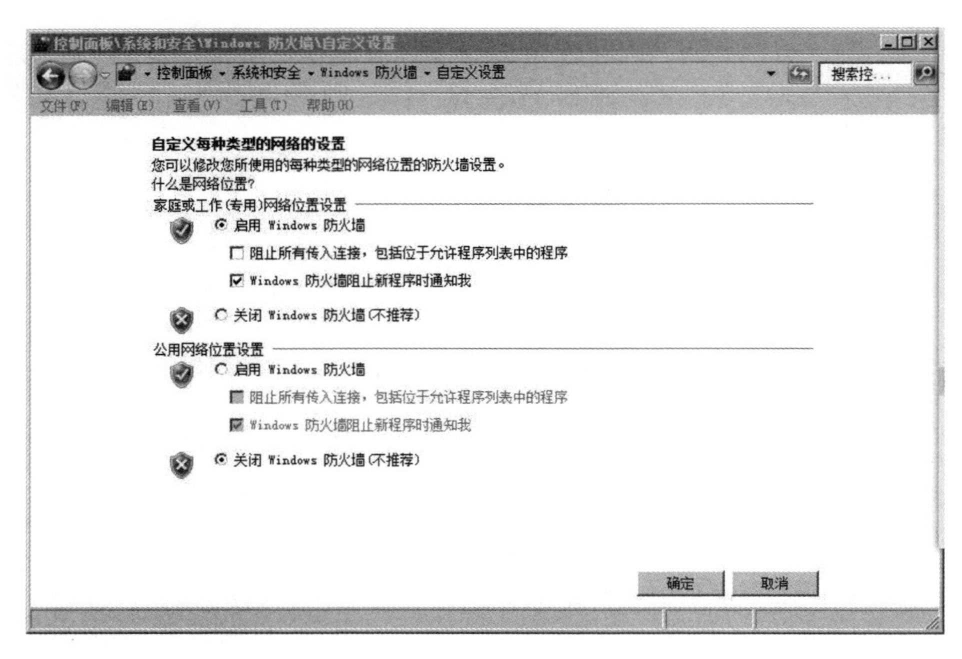

图 2-8　设置防火墙

4. 电源选项

在【系统和安全】窗口中点选【电源选项】，打开电源选项组件，根据需要设置电源计划，如图 2-9 所示。

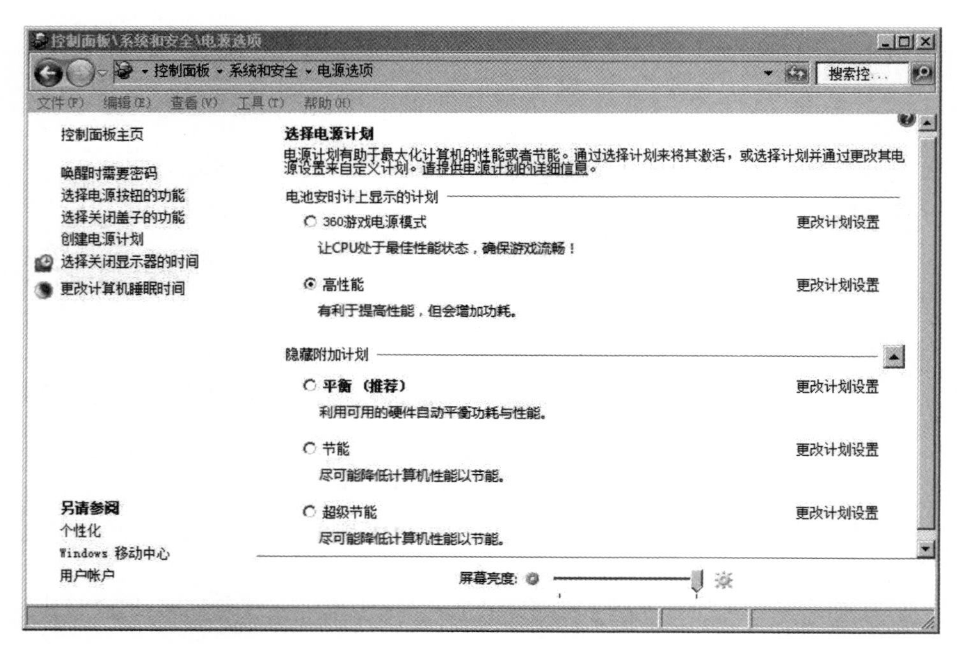

图 2-9　电源选项

2.5 任务小结

本次任务学习了：

1. 控制面板的打开；
2. 添加或删除程序；
3. 设置 Windows 防火墙；
4. 设置电源计划。

2.6 任务拓展

通过控制面板调节鼠标的移动速度和双击时间间隔。

任务三　应用 APP 软件

3.1　任务目标

使用闪传接收课程资料，使用 ES 文件管理器管理课程资料，使用滴答清单提醒课程作业。

3.2　主要步骤

1. 使用闪传传输资料；
2. 使用 ES 文件浏览器管理文件；
3. 使用滴答清单管理待办事项。

3.3　结果预览

图 3－1　闪传

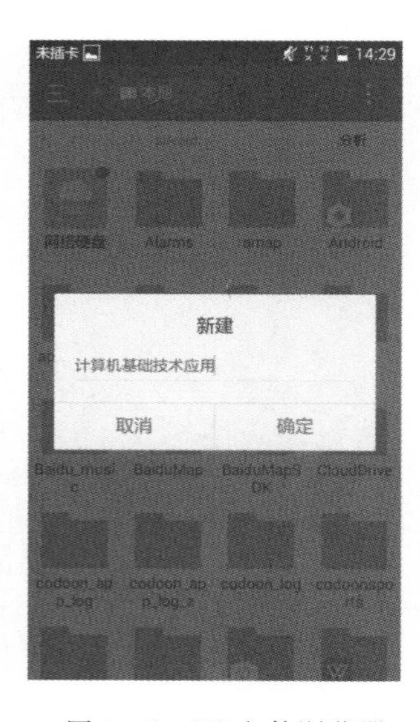

图 3－2　ES 文件浏览器

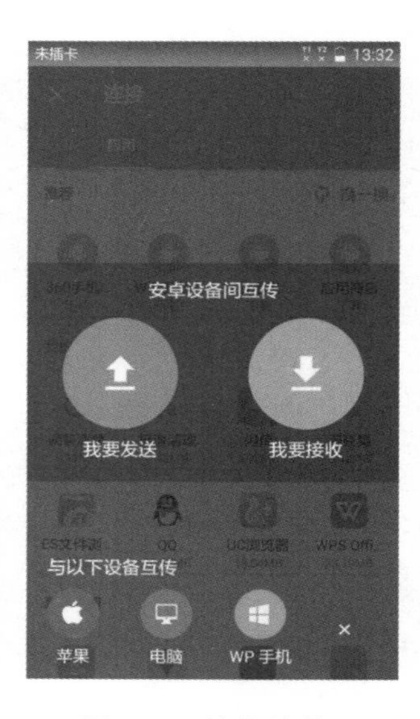

图 3－3　滴答清单

3.4　任务实现

1. 使用闪传传输资料

(1)创建群组

① 在要发送资料的手机上运行闪传 APP,在闪传 APP 的界面中点击右下角的“火箭”图标,如图 3-4 所示。

② 在创建群组界面选择要互传的设备后点选【我要发送】,如图 3-5 所示。

③ 稍等片刻后,发送方闪传创建热点并等待接收方加入,如图 3-6 所示。

图 3-4　创建群组

图 3-5　发送方

图 3-6　创建热点

(2)加入群组

① 在要接收资料的手机上运行闪传 APP,在闪传 APP 的界面中点击右下角的火箭图标,在随后的界面中选择【我要接收】。

② 接收方闪传扫描附近的发送方,并显示图示,如图 3-7 所示。

③ 在图示中选择要加入的群组。

(3)发送资料

① 在发送方找到要发送的资料,点选文件后选择【发送】,如图 3-8 所示。

② 接收方接收资料并显示。

(4)断开连接

在发送方(或接收方)点选闪传界面下方的“×”型图示断开连接并确认,如图 3-9 所示。

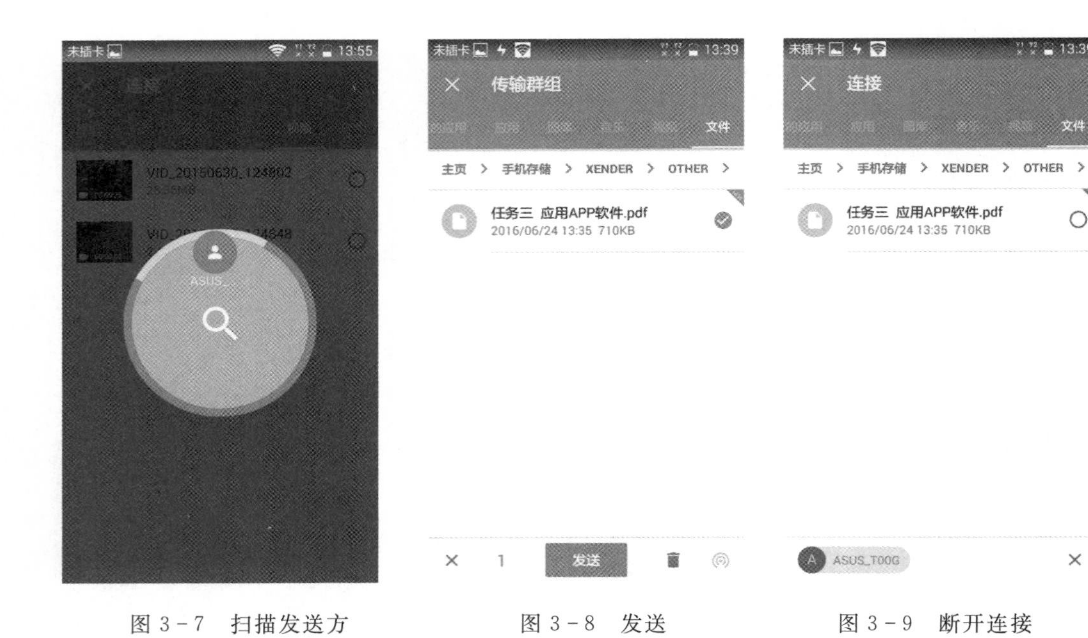

图 3-7　扫描发送方　　　　图 3-8　发送　　　　图 3-9　断开连接

2. 使用 ES 文件浏览器管理文件

(1)新建文件夹

① 运行 ES 文件浏览器 APP,点选 ES 文件浏览器界面上方的图示,显示手机内部存储器的文件夹和文件,如图 3-10 所示。

② 点选 ES 文件浏览器界面右上角的菜单图示,打开选项菜单,选择【新建】菜单项,然后再选择新建文件夹,如图 3-11 所示。

③ 在新建文件夹界面输入文件夹名“计算机基础技术应用”并确定,如图 3-12 所示。

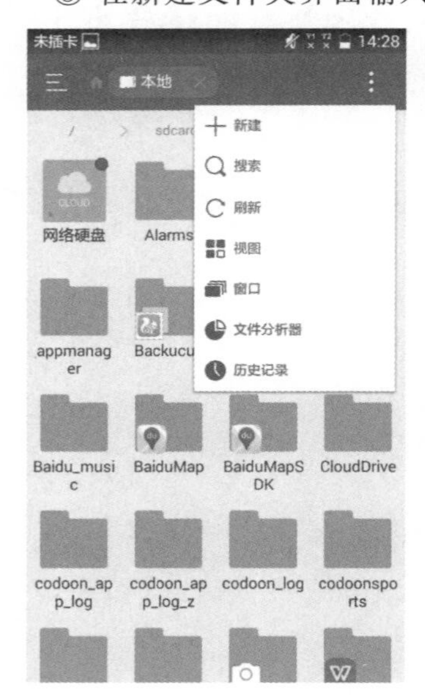

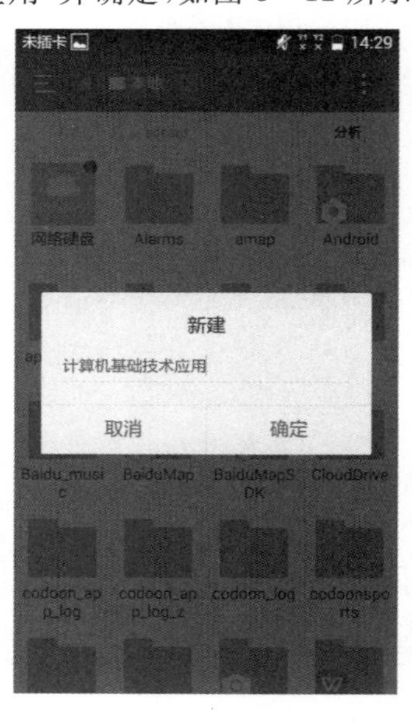

图 3-10　ES 文件浏览器　　　　图 3-11　选项菜单　　　　图 3-12　新建文件夹

(2)移动文件

① 在ES文件浏览器定位到源文件夹，选择要移动的文件后，点选界面下方的剪切图标，如图3－13所示。

② 在ES文件浏览器定位到“计算机基础技术应用”目标文件夹，点选界面下方的粘贴图标移动文件到“计算机基础技术应用”文件夹，如图3－14所示。

图3－13　剪切

图3－14　粘贴

3. 使用滴答清单管理待办事项

(1)创建待办任务

① 运行滴答清单APP并新建待办任务，标题为“计算机基础技术应用作业”，如图3－15所示。

② 在任务详情页面设置任务到期的日期，并输入任务描述“1. 在滴答清单中新建待办事项”，如图3－16所示。

(2)添加小部件

在手机桌面上添加滴答清单小部件，完成后如图3－17所示。

3.5　任务小结

本次任务学习了：

1. 使用闪传完成手机到手机之间的资料传输；
2. 使用ES文件浏览器管理手机中资料；
3. 使用滴答清单规划、提醒待办任务。

图 3 - 15　新建任务

图 3 - 16　任务详情

图 3 - 17　滴答清单小部件

3.6　任务拓展

1. 完成以下场景的资料传输

(1)借助 USB 线完成手机和电脑之间的资料传输；

(2)Internet 环境下完成手机和电脑、手机和手机之间的资料传输；

(3)无线局域网环境下完成手机和电脑、手机和手机之间的资料传输；

(4)没有网络的环境下完成手机和手机之间的资料传输。

2. 使用滴答清单规划选修课任务

任务四　配置智能终端

4.1　任务目标

配置 Android 智能手机的常用设置。

4.2　主要步骤

1. 设置手机 WLAN。
2. 配置 USB 调试选项。

4.3　结果预览

图 4-1　结果预览

4.4　任务实现

1. 设置手机 WLAN

(1)找到手机的【设置】并点击,打开“设置”选项,如图 4-2 所示。

(2)在 WLAN 设置页面中开启 WLAN,系统显示附近可用 WLAN 列表,如图 4-3 所示。

(3)在可用 WLAN 列表中点选要连接的 WLAN,根据需要输入连接密码后点选“连接”按钮,连接无线网络,如图 4-4 所示。

。

图 4-2 设置页面

图 4-3 WLAN 设置页面

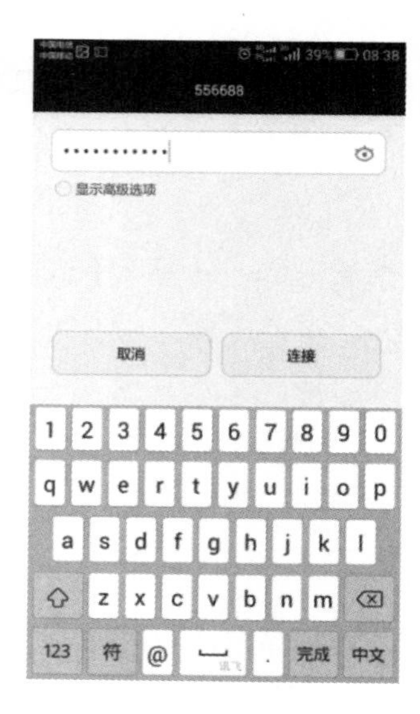

图 4-4 输入密码

2. **配置 USB 调试**

(1)找到手机的【设置】并点击,在“设置”界面中点选【关于手机】选项,如图 4-5 所示。

(2)点击设置页面中的【关于手机】,在关于手机界面连续点击【版本号】5 次,打开开发者模式,如图 4-6 所示。

(3)返回到“设置”页面点击【开发人员选项】进入“开发人员选项”页面,点击打开【开发人员选项】和【USB 调试】开关,如图 4-7 所示。

图 4-5 打开设置页面

图 4-6 进入“关于手机”页面

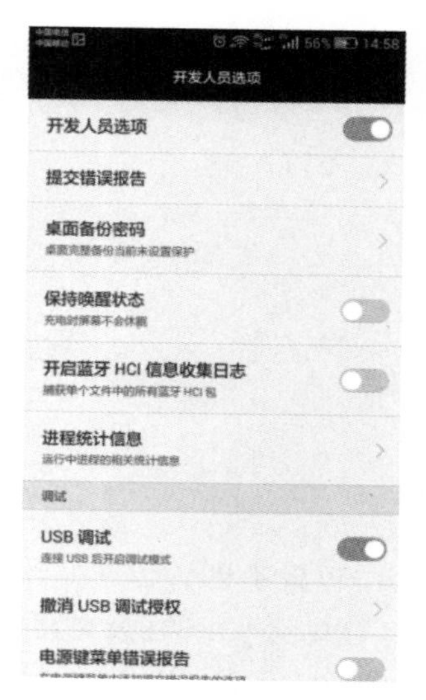

图 4-7 打开 USB 调试开关

4.5　任务小结

本次任务学习了：

1. 设置手机 WLAN；
2. 配置手机的 USB 调试。

4.6　任务拓展

在手机中下载办公软件(如 WPS Office)并安装，使用 WPS Office 软件打开并编辑一个 docx 文档，再将文档通过手机 QQ 传输到电脑中。

任务五　制作比赛通知

5.1　任务目标

使用 Word 2010 制作校模特大赛通知文档，并排版页面。

5.2　主要步骤

1. 新建 Word 文档；
2. 编辑内容；
3. 页面排版；
4. 保存文档。

5.3　结果预览

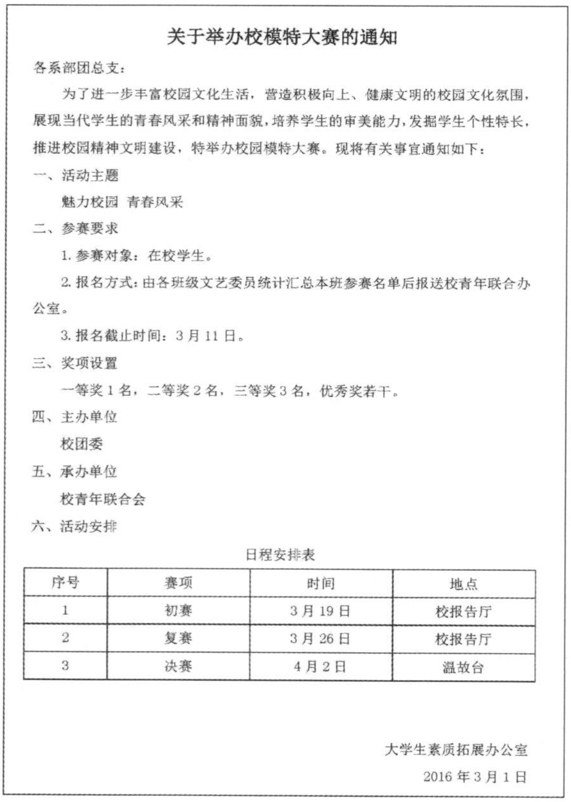

关于举办校模特大赛的通知

各系部团总支：

为了进一步丰富校园文化生活，营造积极向上、健康文明的校园文化氛围，展现当代学生的青春风采和精神面貌，培养学生的审美能力，发掘学生个性特长，推进校园精神文明建设，特举办校园模特大赛。现将有关事宜通知如下：

一、活动主题

魅力校园　青春风采

二、参赛要求

1. 参赛对象：在校学生。

2. 报名方式：由各班级文艺委员统计汇总本班参赛名单后报送校青年联合办公室。

3. 报名截止时间：3 月 11 日。

三、奖项设置

一等奖 1 名，二等奖 2 名，三等奖 3 名，优秀奖若干。

四、主办单位

校团委

五、承办单位

校青年联合会

六、活动安排

日程安排表

序号	赛项	时间	地点
1	初赛	3 月 19 日	校报告厅
2	复赛	3 月 26 日	校报告厅
3	决赛	4 月 2 日	温故台

大学生素质拓展办公室

2016 年 3 月 1 日

图 5－1　结果预览

5.4 任务实现

1. 新建 Word 2010 文档

(1)启动 Word 2010

鼠标依次点选【开始】→【所有程序】→【Microsoft Office】，找到【Microsoft Office Word 2010】菜单项后，单击该菜单项启动 Word，如图 5－2 所示。

图 5－2　启动 Word

(2)保存文档

在 Word 2010 中依次点选【文件】→【保存】，然后在“保存”对话框的“文件名”处输入“模特大赛通知”，完成后单击【保存】按钮，保存文件，如图 5－3 所示。

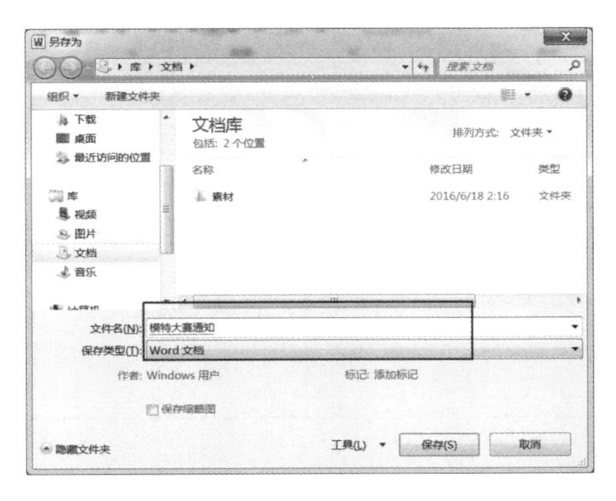

图 5－3　保存对话框

2. 编辑内容

(1)编辑文字

在 Word 文档中输入以下示例文字。

关于举办校模特大赛的通知

各系部团总支:

为了进一步丰富校园文化生活,营造积极向上、健康文明的校园文化氛围,展现当代学生的青春风采和精神面貌,培养学生的审美能力,发掘学生个性特长,推进校园精神文明建设,特举办校园模特大赛。现将有关事宜通知如下:

一、活动主题

魅力校园　青春风采

二、参赛要求

1. 参赛对象:在校学生。

2. 报名方式:由各班级文艺委员统计汇总本班参赛名单后报送校青年联合办公室。

3. 报名截止时间:3 月 11 日。

三、奖项设置

一等奖 1 名,二等奖 2 名,三等奖 3 名,优秀奖若干。

四、主办单位

校团委

五、承办单位

校青年联合会

六、活动安排

日程安排表

大学生素质拓展办公室

2016 年 3 月 1 日

(2)插入表格

① 将光标定位到“日程安排表”文字末尾,按 2 次回车键,插入 2 个空行。

② 将光标定位到第一个空行的行首,然后依次点选【插入】→【表格】,插入一个 4 行 4 列的表格,如图 5 - 4 所示,并在表格中输入如下示例文字。

序号	赛项	时间	地点
1	初赛	3 月 19 日	校报告厅
2	复赛	3 月 26 日	校报告厅
3	决赛	4 月 2 日	温故台

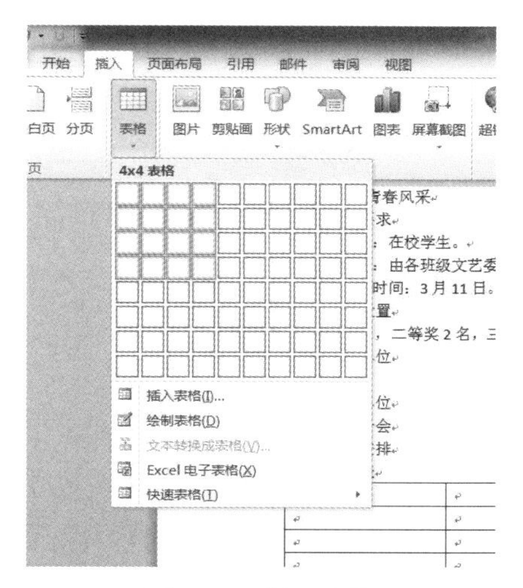

图 5－4　插入表格

3. 页面排版

(1)设置标题格式

① 选择标题部分所有文字,通过【开始】选项卡中的【字体】组设置标题部分字体格式为:“宋体,三号,加粗”,如图 5－5 所示。

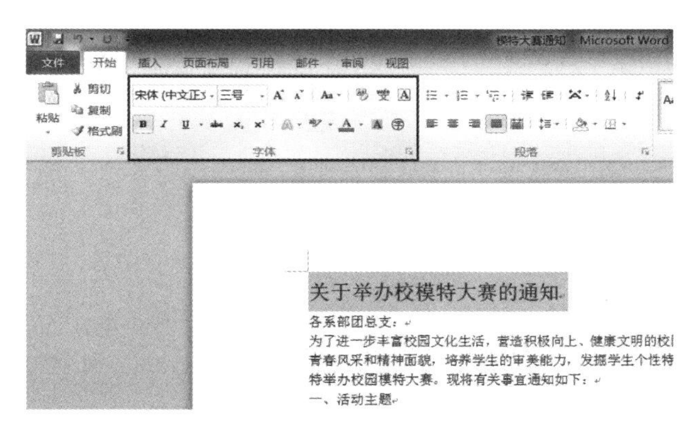

图 5－5　设置标题字体格式

② 确保光标停留在标题部分,通过【开始】选项卡中的【段落】组设置标题的对齐方式为:“居中”,如图 5－6 所示。

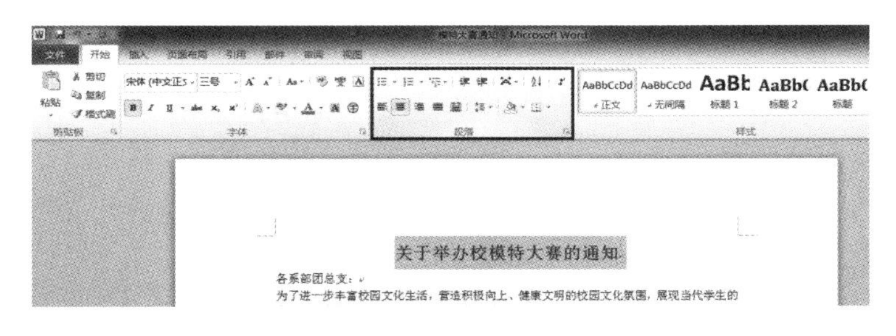

图 5－6　设置标题对齐方式

(2)设置正文格式

① 选择正文部分所有文字，通过【开始】选项卡中的【字体】组设置正文部分字体格式为："宋体，小四"。

② 保持选择状态，点选【开始】选项卡【段落】组右下角的图标，打开【段落】对话框，在【段落】对话框中设置正文的行间距为："1.5 倍行距"，如图 5－7 所示。

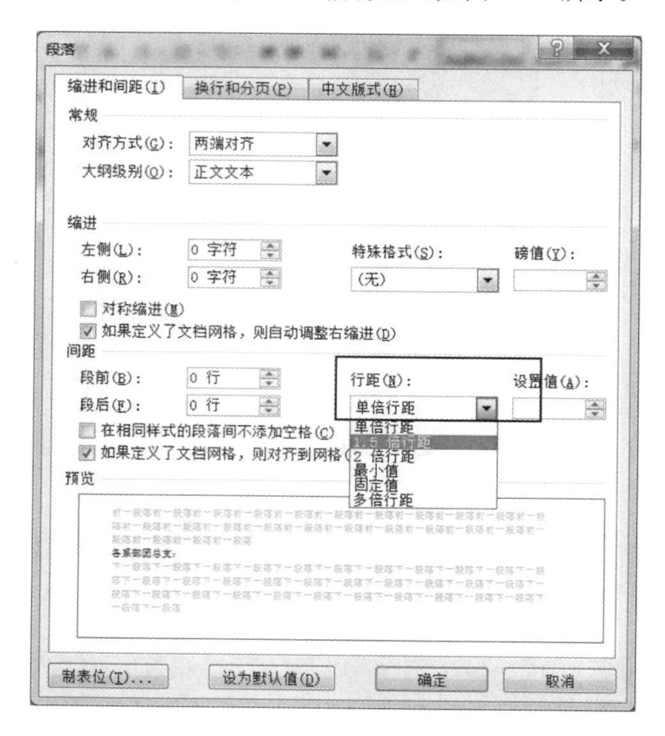

图 5－7　设置正文行距

③ 将光标定位到正文部分第二段"为了进一步……"，点选【开始】选项卡【段落】组右下角的图标，打开【段落】对话框，在【段落】对话框中设置该段的特殊格式为："首行缩进 2 个字符"。

④ 按相同的步骤将正文部分除标题外的段落都设置为："首行缩进 2 个字符"。

(3)设置落款格式

① 选中落款部分的 2 行文字，通过【开始】选项卡中的【段落】组设置落款的对齐方式为："文本右对齐"。

(4)设置表格格式

① 将鼠标指针悬停在第一列右边的竖线上，等鼠标指针变成双向箭头时拖动鼠标，减少第一列的宽度到合适大小，按相同的方式调整其余列的宽度到合适的大小。

② 选择表格所有单元格，通过【布局】选项卡中的【对齐方式】组设置单元格的对齐方式为："水平居中"，如图 5－8 所示。

③将光标定位到表格的标题部分，通过【开始】选项卡中的【段落】组设置表格标题的对齐方式为："居中"。

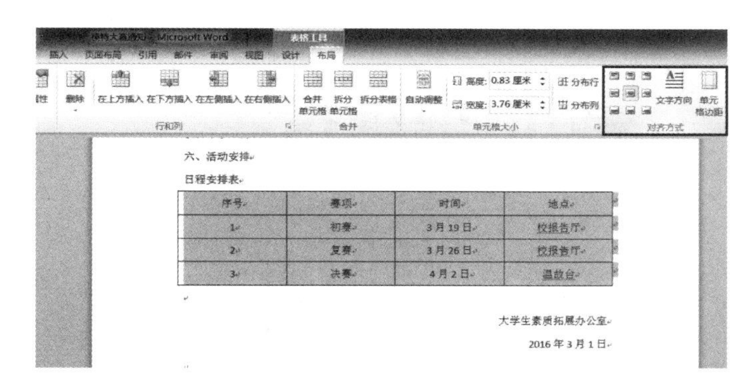

图 5-8　设置单元格对齐方式

4. 保存

(1)点选“标题栏”上【保存】按钮保存文档。

5.5　任务小结

本次任务学习了：

1. Word 文档基本操作，包括新建、保存文档；
2. 文字格式设置，包括字体、字号和字形设置；
3. 段落格式设置，包括段落对齐、行间距、特殊格式设置；
4. 表格的基本操作，包括插入表格、单元格对齐。

5.6　任务拓展

使用 Word 制作一份读书心得，要求文档版面合理、整齐。

任务六　制作成绩表

6.1　任务目标

使用 Excel 2010 制作成绩表，录入数据并设置格式，使用函数和公式计算平均分和总分，最后制作成绩图表。

6.2　主要步骤

1. 制作期中成绩；
2. 制作期末成绩；
3. 制作总成绩；
4. 数据排序、数据筛选、制作图表。

6.3　结果预览

期中成绩、期末成绩和总成绩的结果如图 6－1～图 6－3 所示。

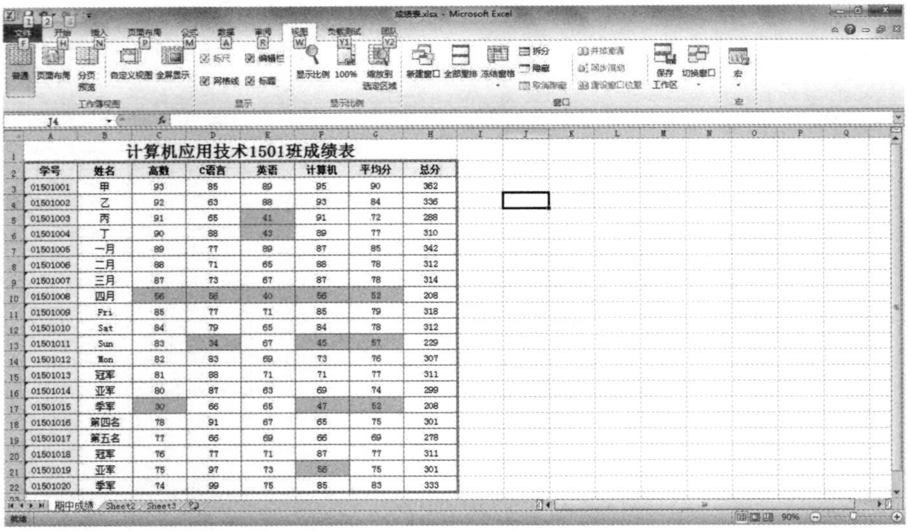

计算机应用技术1501班成绩表

学号	姓名	高数	C语言	英语	计算机	平均分	总分
01501001	甲	93	85	89	95	90	362
01501002	乙	92	63	88	93	84	336
01501003	丙	91	65	41	91	72	288
01501004	丁	90	88	43	89	77	310
01501005	一月	89	77	89	87	85	342
01501006	二月	88	71	65	88	78	312
01501007	三月	87	73	67	87	78	314
01501008	四月	56	56	40	56	52	208
01501009	Fri	85	77	71	85	79	318
01501010	Sat	84	79	65	84	78	312
01501011	Sun	83	34	67	45	57	229
01501012	Mon	82	83	69	73	76	307
01501013	冠军	81	88	71	71	77	311
01501014	亚军	80	87	63	69	74	299
01501015	季军	30	66	65	47	52	208
01501016	第四名	78	91	67	65	75	301
01501017	第五名	77	66	69	66	69	278
01501018	冠军	76	77	71	87	77	311
01501019	亚军	75	97	73	56	75	301
01501020	季军	74	99	75	85	83	333

图 6－1　期中成绩效果预览

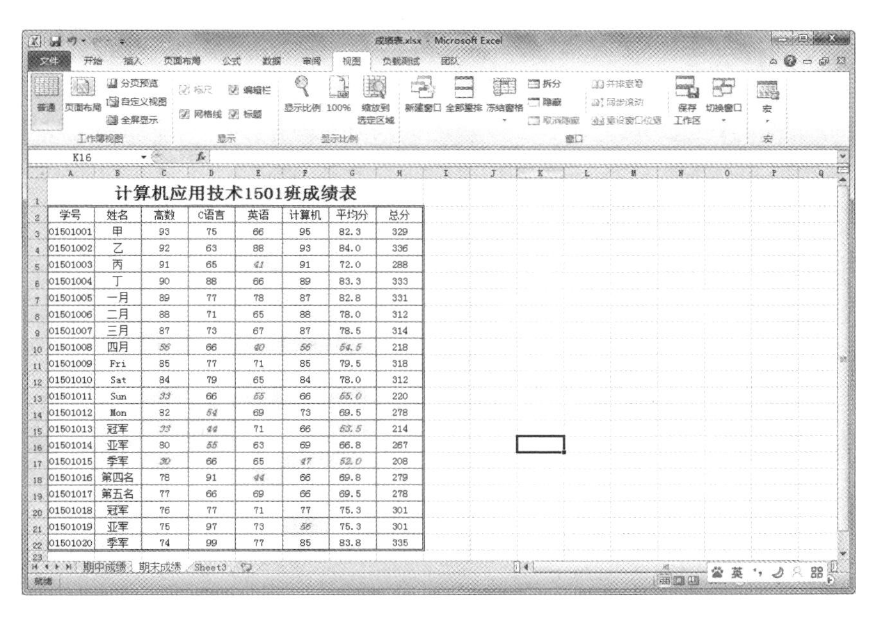

计算机应用技术1501班成绩表

学号	姓名	高数	C语言	英语	计算机	平均分	总分
01501001	甲	93	75	66	95	82.3	329
01501002	乙	92	63	88	93	84.0	336
01501003	丙	91	65	41	91	72.0	288
01501004	丁	90	88	66	89	83.3	333
01501005	一月	89	77	78	87	82.8	331
01501006	二月	88	71	65	88	78.0	312
01501007	三月	87	73	67	87	78.5	314
01501008	四月	56	66	40	56	54.5	218
01501009	Fri	85	77	71	85	79.5	318
01501010	Sat	84	79	65	84	78.0	312
01501011	Sun	33	66	55	66	55.0	220
01501012	Mon	82	54	69	73	69.5	278
01501013	冠军	33	44	71	66	53.5	214
01501014	亚军	80	55	63	69	66.8	267
01501015	季军	30	66	65	47	52.0	208
01501016	第四名	78	91	44	66	69.8	279
01501017	第五名	77	66	69	66	69.5	278
01501018	冠军	76	77	71	77	75.3	301
01501019	亚军	75	97	73	56	75.3	301
01501020	季军	74	99	77	85	83.8	335

图 6-2　期末成绩效果预览

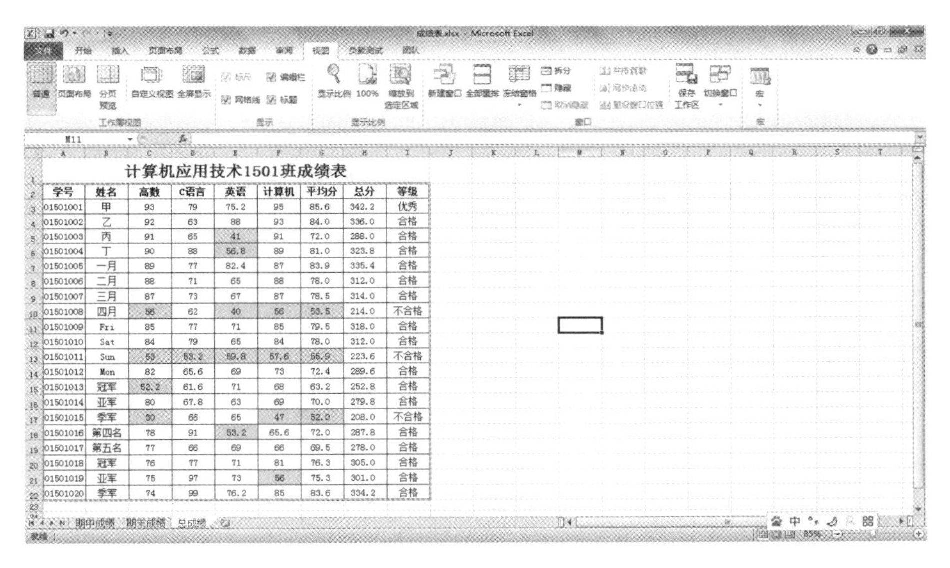

计算机应用技术1501班成绩表

学号	姓名	高数	C语言	英语	计算机	平均分	总分	等级
01501001	甲	93	79	75.2	95	85.6	342.2	优秀
01501002	乙	92	63	88	93	84.0	336.0	合格
01501003	丙	91	65	41	91	72.0	288.0	合格
01501004	丁	90	88	56.8	89	81.0	323.8	合格
01501005	一月	89	77	82.4	87	83.9	335.4	合格
01501006	二月	88	71	65	88	78.0	312.0	合格
01501007	三月	87	73	67	87	78.5	314.0	合格
01501008	四月	56	62	40	56	53.5	214.0	不合格
01501009	Fri	85	77	71	85	79.5	318.0	合格
01501010	Sat	84	79	65	84	78.0	312.0	合格
01501011	Sun	53	53.2	59.8	57.6	55.9	223.6	不合格
01501012	Mon	82	65.6	69	73	72.4	289.6	合格
01501013	冠军	52.2	61.6	71	68	63.2	252.8	合格
01501014	亚军	80	67.8	63	69	70.0	279.8	合格
01501015	季军	30	66	65	47	52.0	208.0	不合格
01501016	第四名	78	91	53.2	65.6	72.0	287.8	合格
01501017	第五名	77	66	69	66	69.5	278.0	合格
01501018	冠军	76	77	71	81	76.3	305.0	合格
01501019	亚军	75	97	73	56	75.3	301.0	合格
01501020	季军	74	99	76.2	85	83.6	334.2	合格

图 6-3　总成绩效果预览

6.4　任务实现

1. 制作期中成绩表

(1)新建 Excel 文档

执行【开始】→【所有程序】→【Microsoft Office】→【Microsoft Excel 2010】,启动 Excel 2010 应用程序,启动后的初始界面如图 6-4 所示。

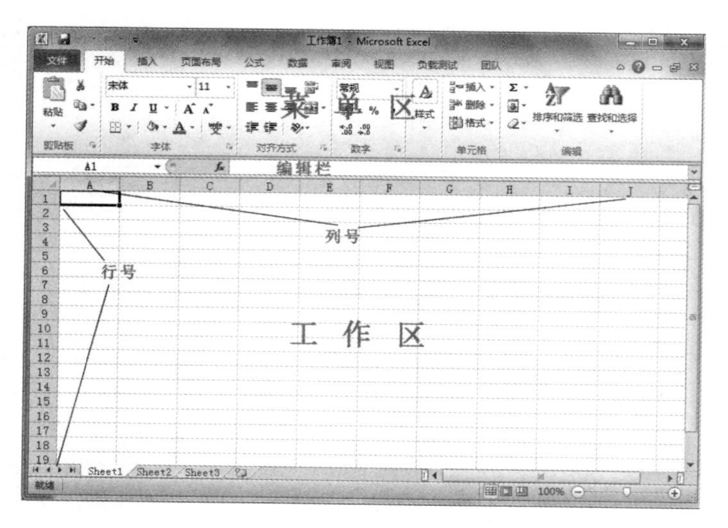

图 6-4　Excel 2010 初始界面

(2)保存 Excel 文档

单击 Excel 应用程序窗口中的【文件】选项卡，单击【保存】项，弹出【另存为】对话框，在左侧保存位置的树形结构中选择【本地磁盘 E】，“文件名”处输入“成绩表 . xlsx”，“保存类型”为默认的“Excel 工作簿”，单击“保存”按钮后，将文档保存到 E 盘根目录下，如图 6-5 所示，也可以通过标题栏左上角的![]按钮实现保存操作。

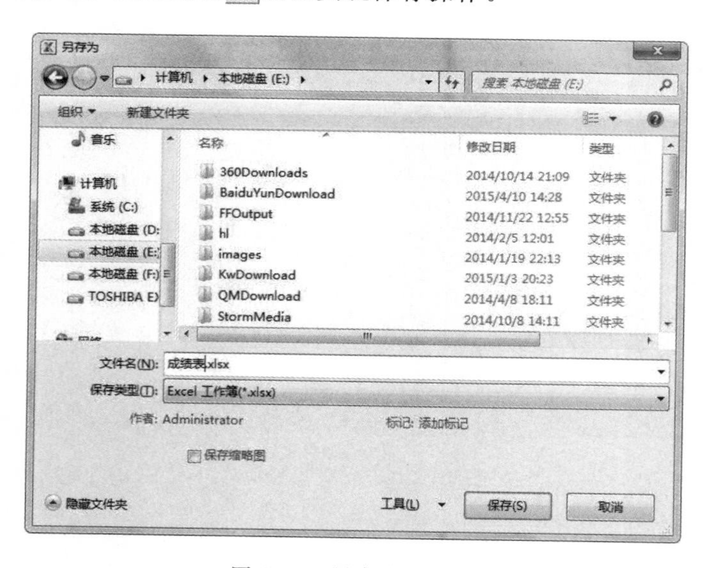

图 6-5　另存为对话框

提示 6.1：单击【文件】选项卡可以打开“Backstage”视图，若文档未保存，则【最近使用文件】选项卡显示在“Backstage”视图中，有【最近使用的工作簿】和【最近的位置】信息，如图 6-6 所示。也可以单击【新建】、【打印】等选项，可以在“Backstage”视图中看到相应信息。

图 6－6 【最近使用文件】的“Backstage”视图

(3)输入数据

① 直接输入数据

单击“Sheet1”工作表的 A1 单元格，输入“计算机应用技术 1501 班成绩表”；然后依次在 A2、B2、C2、D2、E2、F2、G2、H2 单元格中输入“学号、姓名、高数、C 语言、英语、计算机、平均分、总分”；选中 A3 单元格，点选【开始】选项卡中的【单元格】组【格式】按钮下角的展开按钮，弹出“设置单元格格式”对话框，将单元格的“数字”→“分类”设置为“文本”，“确定”后，可在 A3 单元格中输入数字前带“0”的数据，如图 6－7 所示，在 A3 单元格中输入“01501001”。

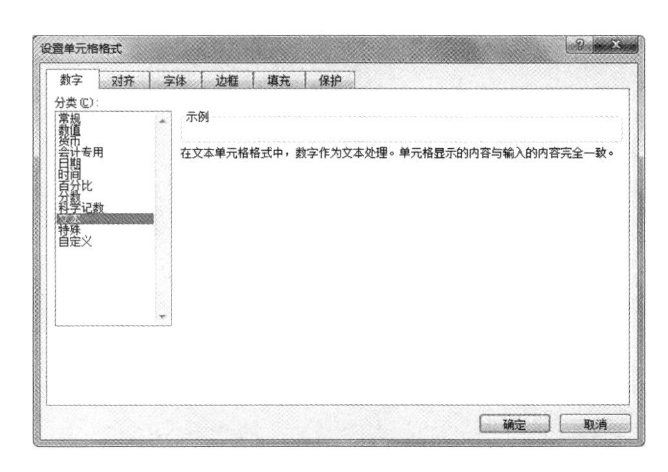

图 6－7 “设置单元格格式”的“数字分类”格式设置

② 填充序列

在 A3 单元格中输入“01501001”后，选中 A3 单元格，将光标移到 A3 单元格的右下角处，待光标变为“自动填充柄”（实心十字形）后，向下拖动到 A22 单元格，完成自动序列的填充，结果如图 6－8 所示。

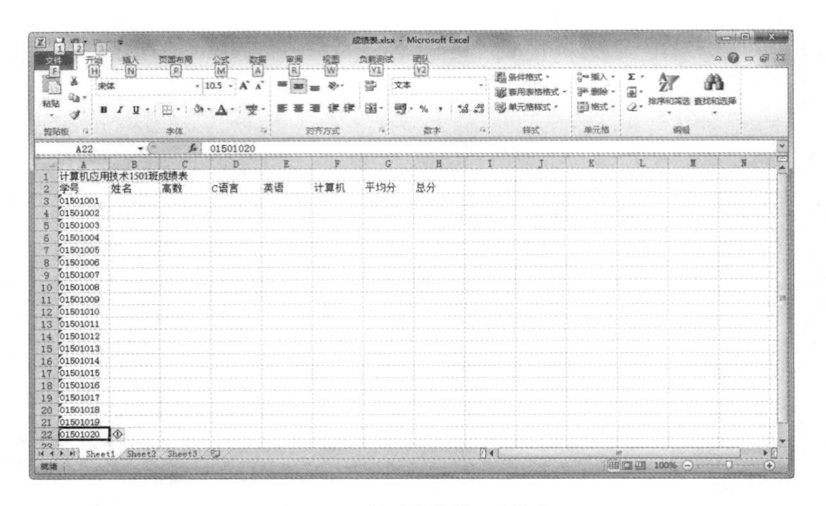

图 6-8　填充“学号”列数据

③ 填充自定义序列

单击 B3 单元格，输入“甲”，拖动自动填充柄到 B6 单元格，可自动生成一个“甲、乙、丙、丁”的天干地支序列。

在 B7 单元格中输入“一月”，拖动自动填充柄到 B10 单元格，可自动生成一个“一月、二月、三月、四月”的月份序列。

在 B11 单元格中输入“Fri”，拖动自动填充柄到 B14 单元格，可自动生成一个“Fri、Sat、Sun、Mon”的星期序列。

在 B15 单元格中输入“冠军”，拖动自动填充柄到 B22 单元格，此时单元格填充内容全部是“冠军”。单击【文件】选项卡中的【选项】，在弹出的“Excel 选项”对话框中选择“高级”项中的“编辑自定义序列”按钮，弹出“自定义序列”对话框，如图 6-9 所示，可以看到上面填充的天干地支、月份和星期已经存储在自定义序列中，选定“新序列”，在输入序列中输入“冠军、亚军…”数据，单击添加按钮，可以将序列加入到自定义序列。

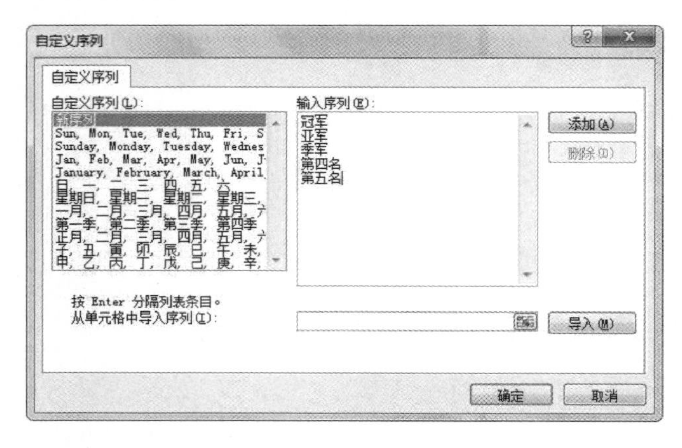

图 6-9　自定义序列

新序列定义完成后，从 B15 单元格开始自动填充到 B22，结果如图 6-10 所示。

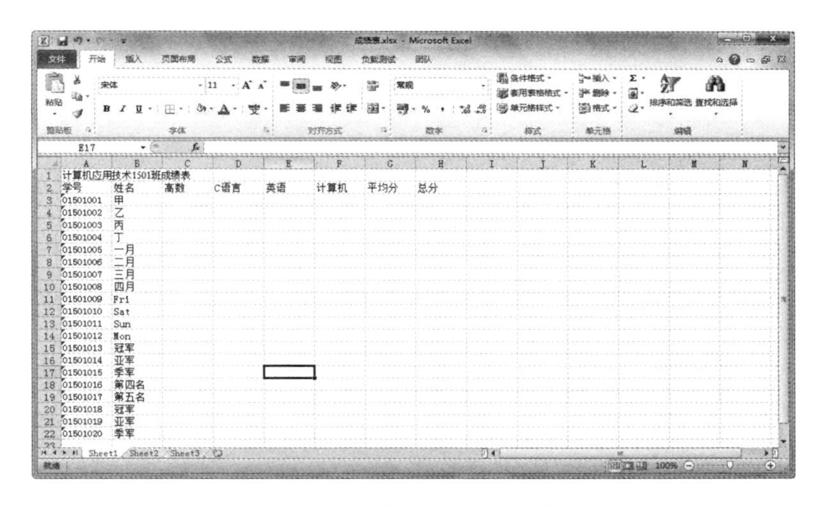

图 6－10　填充“姓名”列数据

④ 录入成绩数据

在 C3、C4 单元格中分别输入 93、92，同时选中 C3 和 C4 单元格，光标移到 C4 单元格右下角，拖动自动填充柄到 C22 单元格（或在自动填充柄处双击），可自动生成一个“93、92…74”的等差数列。

在 D3、D4 单元格中分别输入 61、63，同时选中 D3 和 D4 单元格，光标移到 D4 单元格右下角，拖动自动填充柄到 D22 单元格（或在自动填充柄处双击），可自动生成一个“61、63…99”的等差数列。

使用同样的方法填充英语和计算机列的数据，随机改动自动填充后的成绩数据，使得成绩有高有低。最终效果如图 6－11 所示。

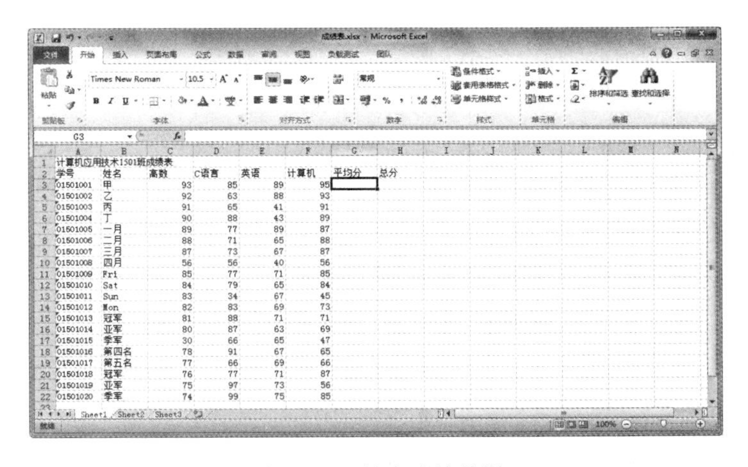

图 6－11　填充成绩数据

⑤ 使用函数和公式计算总分和平均分

使用函数计算总分列，选中 H3 单元格，单击【开始】选项卡“编辑”组中的“自动求和 Σ”按钮后，单元格内容如图 6－12 所示，求和函数 SUM()的参数自动选取 C3:G3 单元格区域,G3 不应参与求和,所以修正 SUM()函数的参数为 C3:F3,按回车键完成总分的计算。

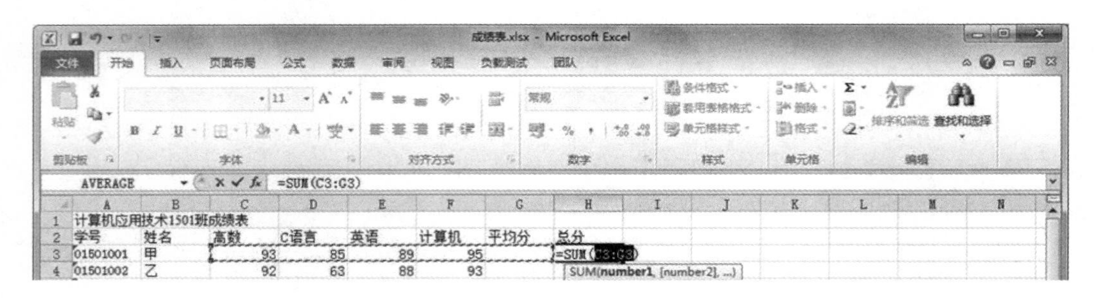

图 6-12 自动求和

光标移到 H3 单元格的右下角,拖动自动填充柄到 H22 单元格,完成公式的自动填充。

使用公式计算总分列的方法是,在 H3 单元格中(或 H3 单元格的编辑栏中)输入"=C3+D3+E3+F3",再自动填充计算余下的总分。

使用函数计算平均分列的方法是,选中 G3 单元格后将光标定位到"编辑栏",输入"=int(average(C3:F3))"(不包括双引号)后,回车确定;利用 G3 单元格自动计算余下的平均分;结果如图 6-13 所示。

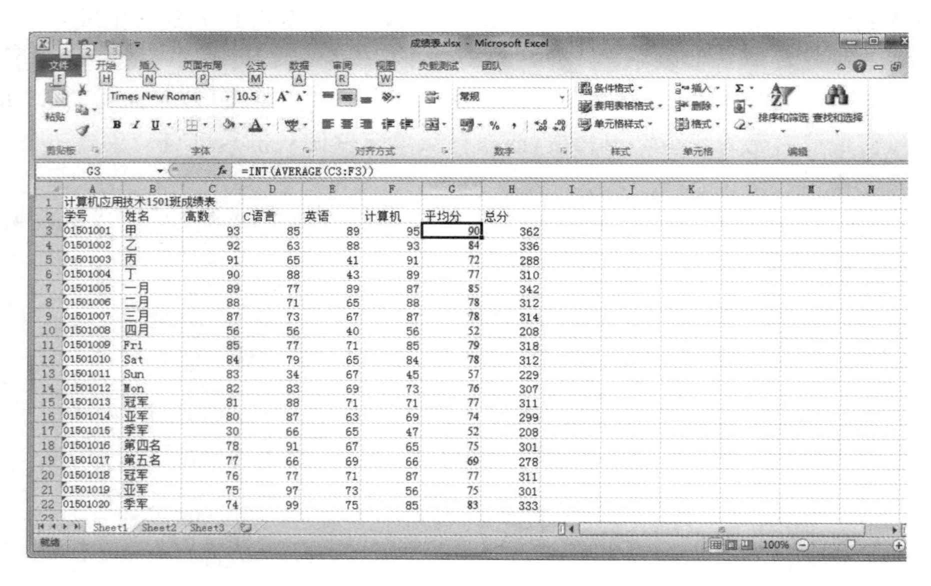

学号	姓名	高数	C语言	英语	计算机	平均分	总分
01501001	甲	93	85	89	95	90	362
01501002	乙	92	63	88	93	84	336
01501003	丙	91	65	41	91	72	288
01501004	丁	90	88	43	89	77	310
01501005	一月	89	77	89	87	85	342
01501006	二月	88	71	65	88	78	312
01501007	三月	87	73	67	87	78	314
01501008	四月	56	56	40	56	52	208
01501009	Fri	85	77	71	85	79	318
01501010	Sat	84	79	65	84	78	312
01501011	Sun	83	34	67	45	57	229
01501012	Mon	82	83	69	73	76	307
01501013	冠军	81	88	71	71	77	311
01501014	亚军	80	87	63	69	74	299
01501015	季军	30	66	65	47	52	208
01501016	第四名	78	91	67	65	75	301
01501017	第五名	77	66	69	66	69	278
01501018	冠军	76	77	71	87	77	311
01501019	亚军	75	97	73	56	75	301
01501020	季军	74	99	75	85	83	333

图 6-13 总分和平均分计算

使用公式计算平均分列的方法是,在 G3 中输入"=(C3+D3+E3+F3)/4",然后使用 G3 单元格自动填充可以完成平均分的计算。

提示 6.2:函数的形式为"函数名(参数 1,参数 2,…,参数 *n*)",参数之间用逗号隔开,参数可以是单元格、单元格区域、其他函数的结果等;常用的函数有求和函数 SUM()、求平均值函数 AVERAGE()、条件函数 IF()、统计个数函数 COUNT()、求最大值函数 MAX()、求最小值函数 MIN()等,公式的形式为"单元格(或具体值)运算符单元格",如 A3+A6、A5 * 3,公式和函数在计算时都以=为起始符。

(4)格式设置

① 设置列宽

将光标移动到 A 列顶端，当鼠标变成实心向下箭头时，从 A 列拖动到 H 列，可将 A～H 列选中；在选中区域任意位置右击，快捷菜单中选择“列宽”菜单项，在“列宽”对话框中输入 10 后，单击“确定”按钮完成列宽设置，如图 6－14 所示。列宽也可以在【开始】选项卡“单元格”组的“格式”下拉列表中选择。

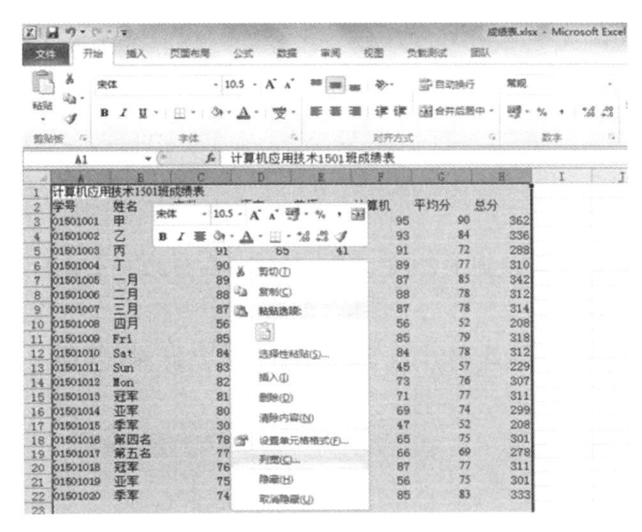

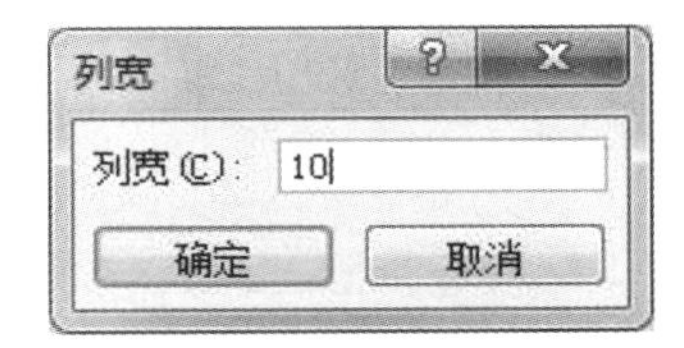

图 6－14 设置列宽

② 设置行高

将光标移动到第 2 行的行号处，当鼠标变成实心向右箭头时，从第 2 行拖动到 22 行，可将 2～22 行选中；在选中区域任意位置右击，快捷菜单中选择“行高”菜单项，在“行高”对话框中输入 20 后，单击“确定”按钮完成行高设置，如图 6－15 所示。行高也可以在【开始】选项卡“单元格”组的“格式”下拉列表中选择。

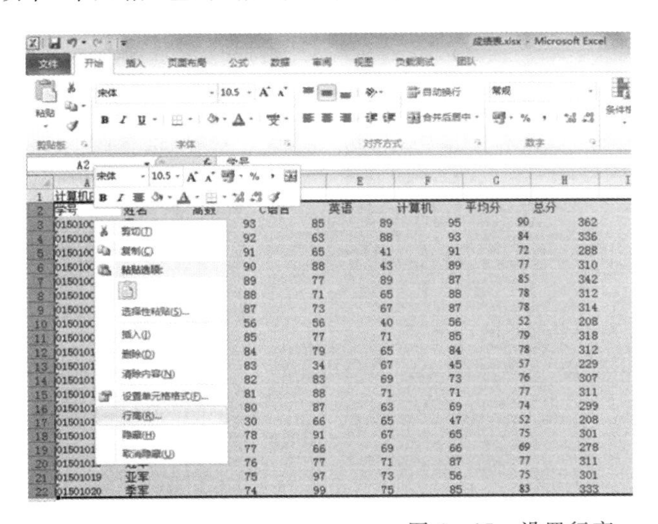

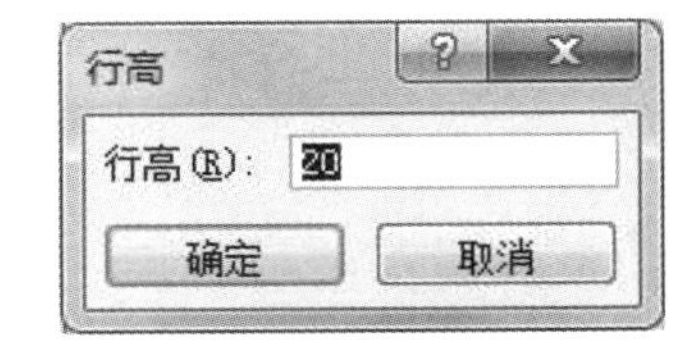

图 6－15 设置行高

③ 合并及居中

鼠标移到 A1 单元格上呈空心十字时拖动到 H1 单元格，可将 A1:H1 单元格选中；单击【开始】选项卡“对齐方式”组中的“合并后居中”工具按钮，可将A1～H1单元格合并且将文本居中，如图 6-16 所示。

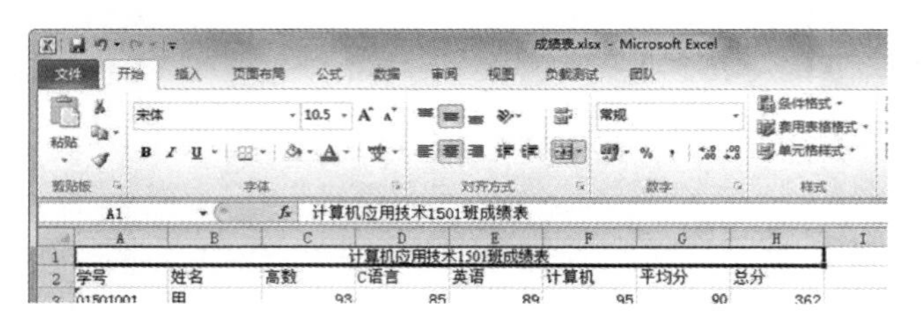

图 6-16　合并及居中

④ 设置单元格文字居中

鼠标移到 A2 单元格上呈空心十字时拖动到 H22 单元格，可将 A2:H22 单元格区域选中；单击【开始】选项卡“对齐方式”组中的“水平居中”和“垂直居中”工具按钮，将 A2:H22单元格区域文本居中，也可以在“设置单元格格式”对话框中设置，如图 6-17 所示。

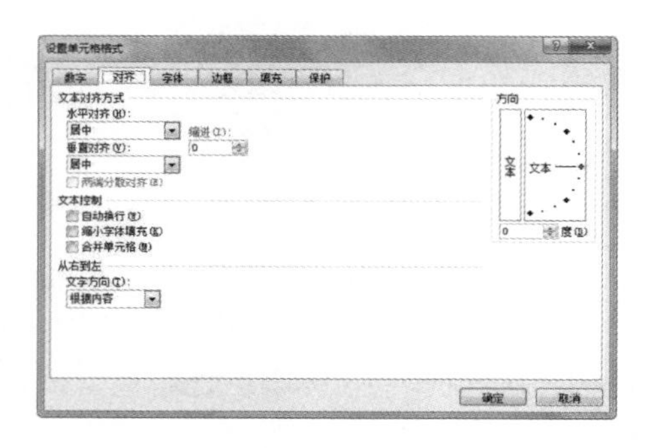

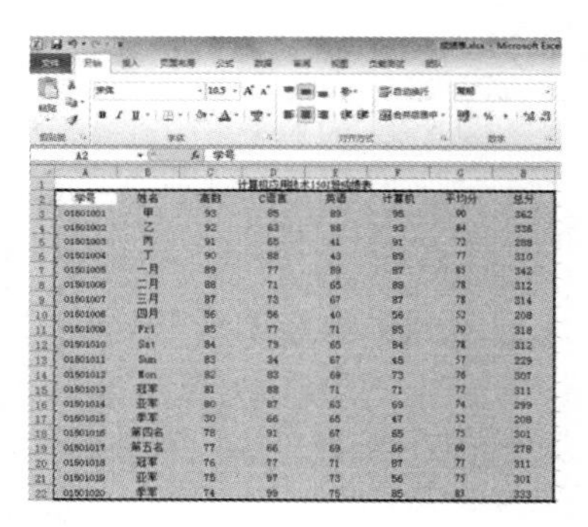

图 6-17　设置单元格对齐方式

⑤ 设置条件格式

选中 C2:G22 单元格，在【开始】选项卡的“样式”组的“条件格式”下拉列表中选择“突出显示单元格规则”中的“小于”菜单项，如图 6-18 所示。

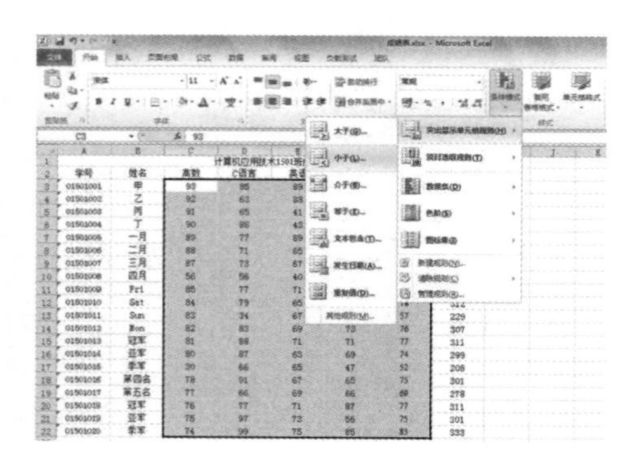

图 6-18　选择条件格式

在弹出的“小于”对话框中设置值为60、样式为“浅红填充色深红色文本”，如图6-19所示。

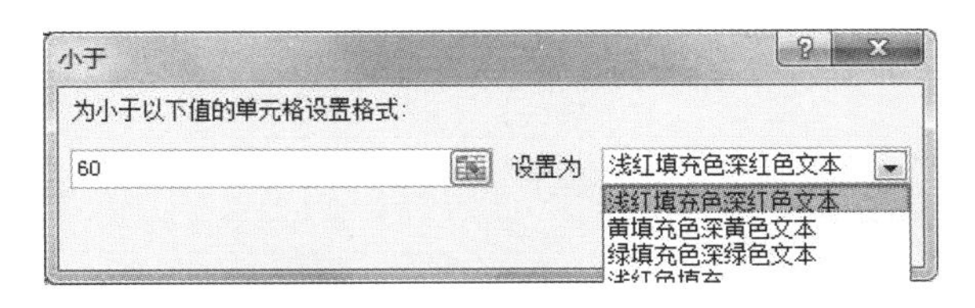

图6-19　条件格式设置

⑥ 设置边框

选中A2:H22单元格区域，在“设置单元格格式”对话框的“边框”选项卡中，先设置线条的“样式”为双线、“颜色”设置为“标准色”中的“红色”，再单击“预置”中的“外边框”，可将外框线设置为红色双线；重新将线条“样式”选为单线，“颜色”设置为“标准色”中的“蓝色”，单击“预置”中的“内部”，可将内框线设置为蓝色单线，如图6-20所示。

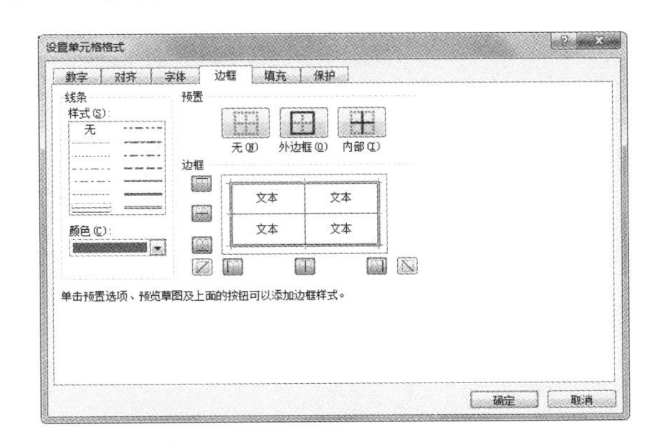

图6-20　设置单元格边框

⑦ 设置底纹

选中A2:H2单元格区域，在“设置单元格格式”的“填充”选项卡中将“背景色”设置为标准色中的“黄色”，图案的颜色和样式不设置；按同样的方式设置A3:A22单元格区域的底纹，如图6-21所示。

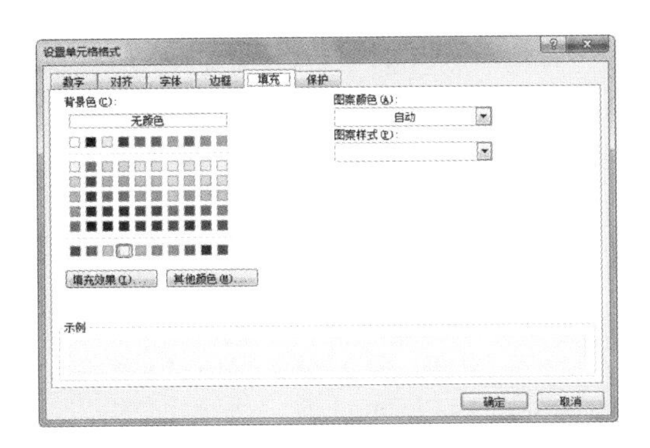

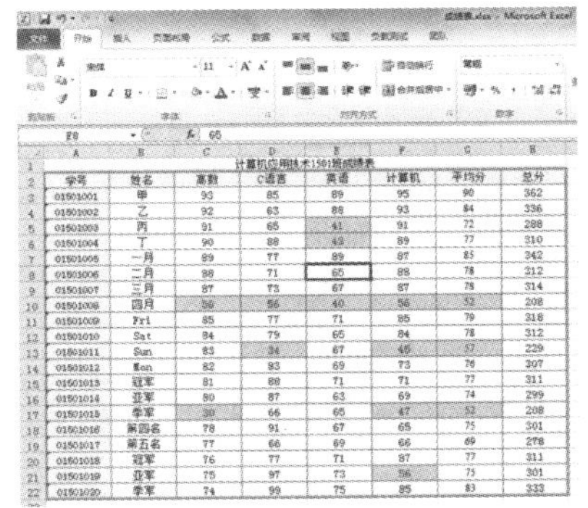

图6-21　设置单元格底纹

⑧ 设置字体

选中 A1 单元格，在【开始】选项卡的“字体”组中设置字体名称为“宋体”、字号为 20、加粗、字体颜色为“黑色”，也可以在“设置单元格格式”对话框的“字体”选项卡下设置字体，如图 6－22 和 6－23 所示。

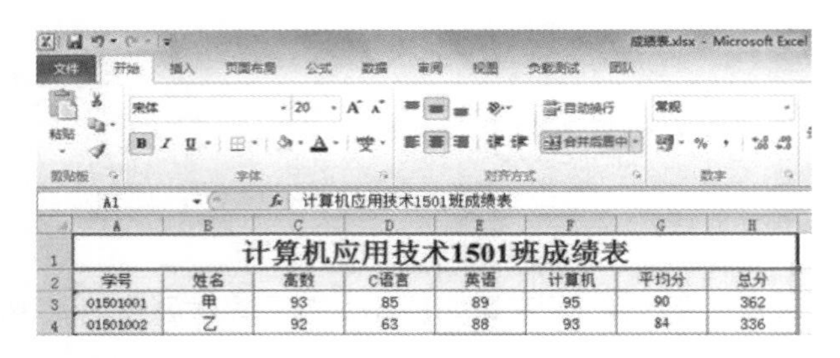

图 6－22　通过【开始】选项卡设置字体

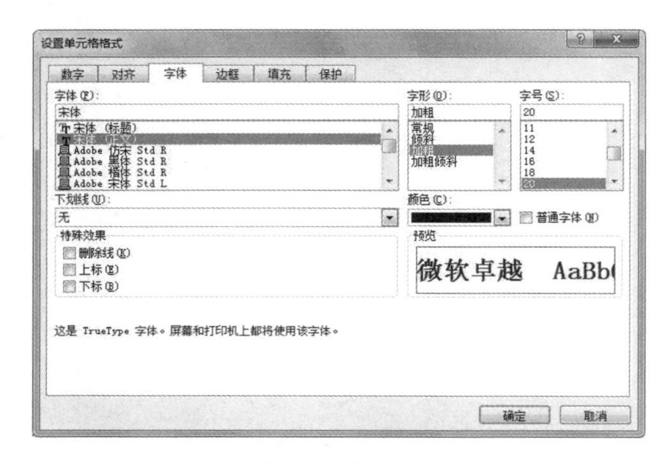

图 6－23　通过“设置单元格格式”对话框设置字体

选择 A2:H2 单元格区域，设置字体名称为“宋体”、字号为 12、加粗、字体颜色为“黑色”。选择 A3:H22 单元格区域，设置字体名称为“宋体”、字号为 12、不加粗、字体颜色为“黑色”。

(5)修改工作表名称

在工作表名称“Sheet1”处双击或右击选择“重命名”菜单项，将工作表明修改为“期中成绩”。

2. 制作期末和总成绩表

(1)期末成绩表的制作

① 跨工作表引用标题和学号、姓名的值

双击“Sheet2”工作表标签，将 Sheet2 工作的名字改成“期末成绩”。在“期末成绩”工作表的 A1 单元格中输入“＝”，然后单击“期中成绩”工作表标签，再单击“期中成绩”的 A1 单元格，然后按回车确认后返回到“期末成绩”工作表，此时 A1 单元格编辑栏显示内容如图 6－24所示，“＝期中成绩！A1”表示当前单元格的内容引用自“期中成绩”工作表的 A1 单元格。

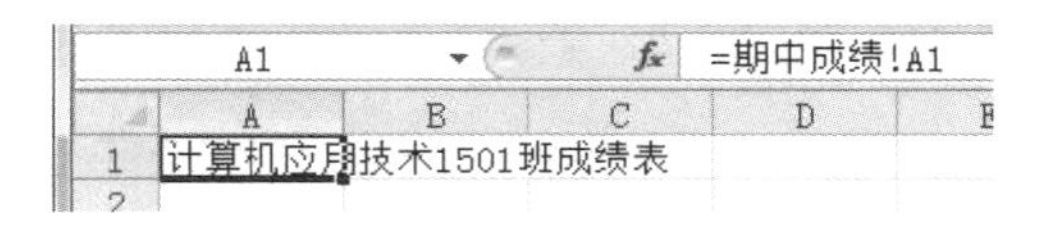

图 6-24　跨工作表引用表头

在“期末成绩”工作表的 A2 单元格中输入“=期中成绩表！A2”，或者如上一步通过鼠标选择设置，将“期中成绩”工作表 A2 单元格的内容引用到当前单元格。A2 单元格引用完成后，拖动 A2 单元格的自动填充柄直到 H2 单元格，完成列标题的引用。

同时选中 A2 和 A3 单元格后，将鼠标移动到 A3 单元格的自动填充柄处，拖动到第 22 行，完成学号和姓名的引用。

② 填充各科成绩

完成“期末成绩”工作表中的高数、C 语言、英语和计算机成绩的录入，数据取值自己决定。

③ 完成总分和平均分的计算

使用公式的方法计算平均分，选中 G3:G22 区域，设置“数字分类”为“数值”，小数位为 1，如图 6-25 所示。使用函数的方法计算总分。

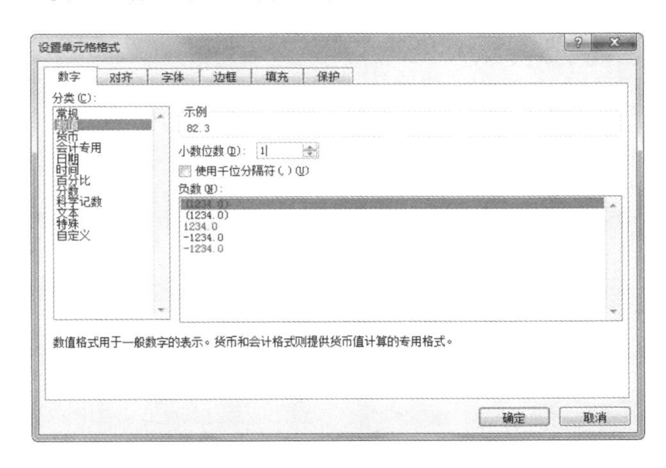

图 6-25　平均分数字设置

(2)总成绩表的制作

① 跨工作表引用标题和学号、姓名的值

修改“Sheet3”工作表的名字为“总成绩”。按照“期末成绩”中跨工作表引用标题和学号、姓名的值的方法，从“期中成绩”工作表中引用相关值。

② 跨工作表计算各科成绩

总成绩的计算方法是：总成绩=期中成绩×40%+期末成绩×60%。

选择“总成绩”工作表中的 C3 单元格，输入“=”后单击“期中成绩”工作表标签后，当前视图转到“期中成绩”工作表，单击其中的 C3 单元格，然后在编辑栏中输入“*40%+”，再单击“期末成绩”工作表标签，视图转到“期末成绩”工作表，单击其中的 C3 单元格，然后在编辑栏中输入“*60%”，回车确认后，此时“总成绩”工作表 C3 单元格的编辑栏如图 6-26

所示。完成 C3 单元格的跨工作表计算后，拖动 C3 单元格的填充柄将公式填充到 C3:F22 的区域。

C3 =期中成绩!C3*40%+期末成绩!C3*60%

	A	B	C	D	E	F	G	H	I
1	计算机应用技术1501班成绩表								
2	学号	姓名	高数	C语言	英语	计算机	平均分	总分	
3	01501001	甲	93						

图 6－26　跨工作表计算

提示 6.3：公式中的 40％可以用 0.4 代替。

③ 计算成绩等级

在 I2 单元格中输入列标题“等级”。

等级的填充方法是：如果平均分小于 60，等级为“不及格”；如果平均分大于等于 85，等级为“优秀”；其余（成绩在 60 到 85 之间）的值，等级为“合格”。

选中 I3 单元格，在【开始】选项卡的“编辑”组的“自动求和”下拉列表中选择“其他函数”，在选择“常用函数”中的 IF 函数，在其中输入如图 6－27 的内容后，即可完成 I3 单元格的等级计算，后续的等级值可通过自动填充完成。I3 单元格编辑栏显示的内容是“＝IF（G3＞85，"优秀"，IF（G3＜60，"不合格"，"合格"））”。

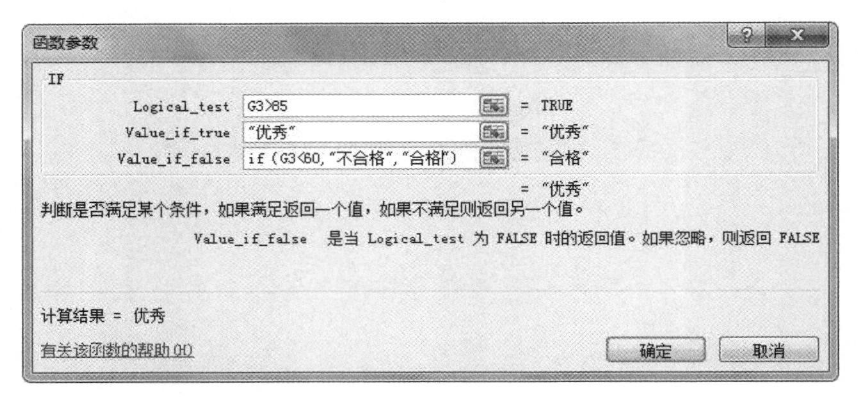

图 6－27　IF 函数

提示 6.3：IF 函数有 3 个参数，其形式是“IF（条件，结果 1，结果 2）”，当条件成立时，函数计算结果取“结果 1”的值，当条件不成立时，函数计算结果取“结果 2”的值。

3. 图表、数据排序、数据筛选在总成绩表中的应用

（1）制作图表

① 创建平均分柱形图

鼠标指向 B2 单元格呈空心十字时拖动到 B22 单元格，选中姓名列；按住 CTRL 键，然后鼠标指向 G2 单元格呈空心十字时拖动到 G22 单元格，选中平均分列；再单击【插入】选项卡“图表”组“柱形图”下拉列表中的“二维柱形图”下的“簇状柱形图”，如图6－28 所示。

执行上述操作后可以在当前工作表中看到如图 6－29 所示的图表。

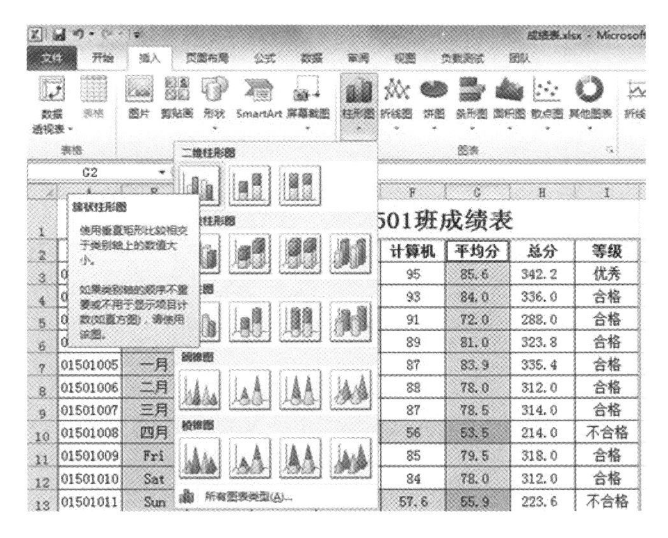

图 6－28　插入图表

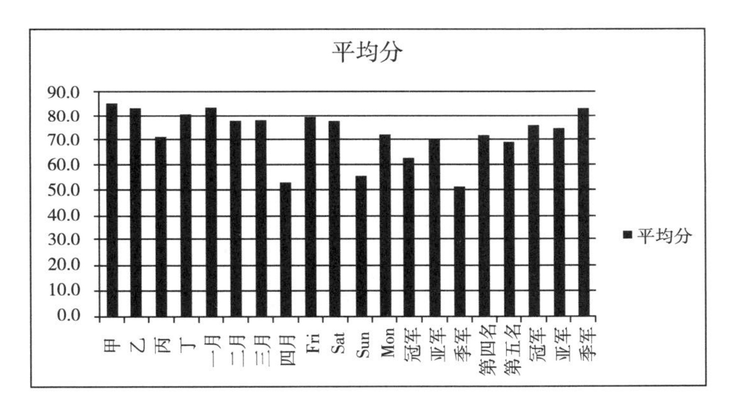

图 6－29　初始柱状簇形图

② 修改数据源

在图表区域任意位置右击，快捷菜单中选择“选择数据”菜单项，打开“选择数据源”对话框，如图 6－30 所示。

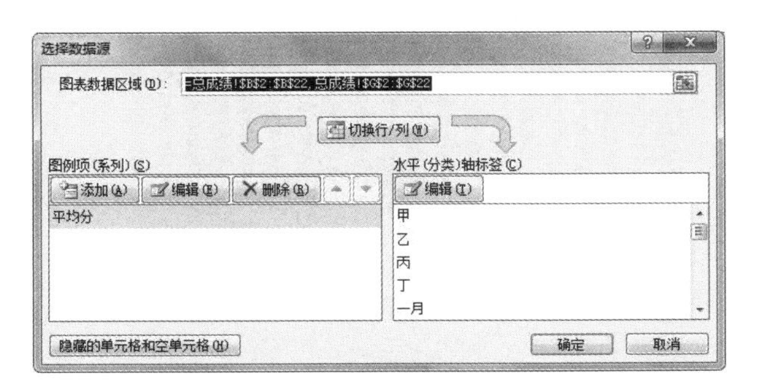

图 6－30“选择数据源”对话框

在“选择数据源”对话框中单击“添加”工具按钮，弹出“编辑数据系列”对话框，“系列名称”和“系列值”设置如图 6-31 所示。

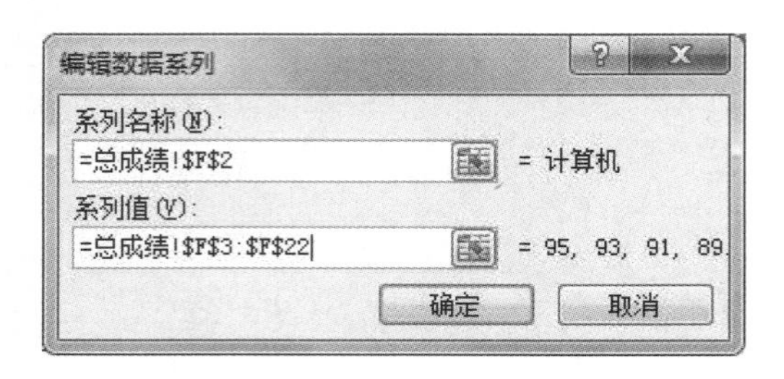

图 6-31　“编辑数据系列”对话框

单击“确定”按钮后返回到“选择数据源”对话框，可以看到增加了“计算机”项，如图 6-32所示。

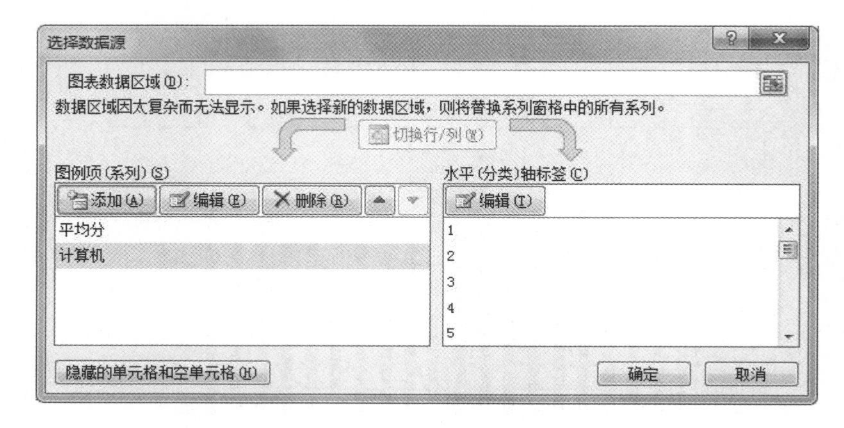

图 6-32　添加数据源后的“选择数据源”对话框

单击“确定”按钮后，可以看到原来的图表中增加了计算机数据，图表如图 6-33 所示。

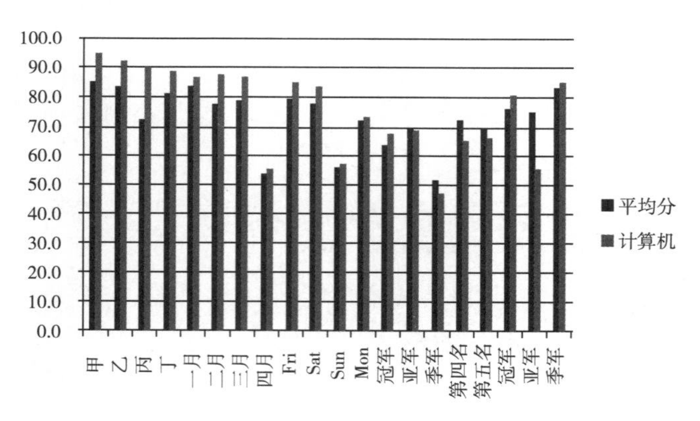

图 6-33　添加数据源后的图表

③ 设置纵坐标轴格式

在图表纵坐标轴的数字区域右击，快捷菜单中选择“设置坐标轴格式”菜单项，打开“设置坐标轴格式”对话框，设置“坐标轴选项”中的“最小值”固定为 30，如图6－34所示。

图 6－34　设置纵坐标轴格式

④ 设置图例格式

图例默认放在图表的靠右位置，右击图例区域，快捷菜单中选择“设置图例格式”菜单项，打开“设置图例格式”对话框，如图 6－35 所示，将图例的位置修改为“靠上”。

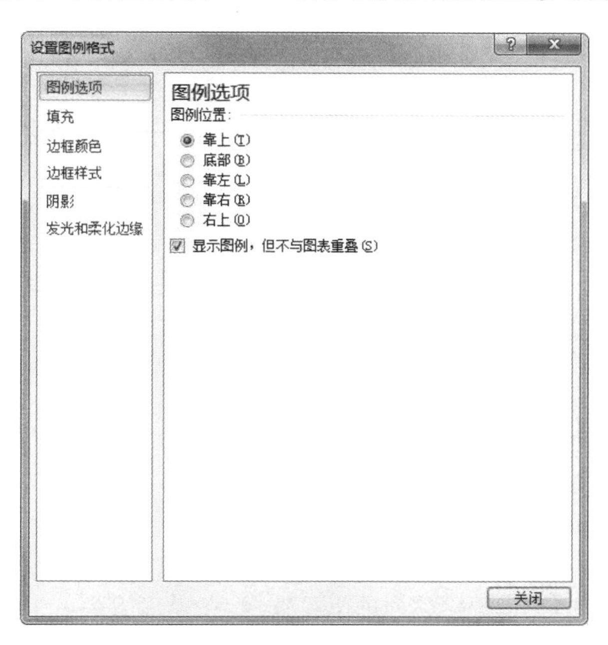

图 6－35　设置图例格式

(2)数据排序、数据筛选的应用

① 数据排序

选中“总成绩”工作表的G2单元格，即“平均分”列的标题，单击【编辑】选项卡“排序和筛选”组中的“降序排序”工具按钮，即可将数据区域按照平均分的降序排序。

选中A2:H22单元格区域，单击【编辑】选项卡“排序和筛选”组中的“自定义排序”工具按钮，在弹出的“排序”对话框中，设置“主要关键字”为“C语言”、“次序”为“降序”，单击“添加条件”按钮，设置“次要关键字”为“计算机”、“次序”为“降序”，再单击“添加条件”按钮，设置“次要关键字”为“平均分”、“次序”为“升序”，如图6-36所示，“确定”后，数据区域即可按照“C语言”降序排序、“C语言”成绩相同的按照“计算机”成绩的降序排序、“计算机”成绩相同的再按照“平均分”升序排序。

图6-36 数据排序设置

选中A2:H22单元格区域，单击【编辑】选项卡“排序和筛选”组中的“自定义排序”工具按钮，在弹出的“排序”对话框中，将前面设置的3个排序条件全部删除，单击“添加条件”按钮，设置“主要关键字”为“姓名”、“次序”为“升序”，单击“选项”按钮，在弹出的“排序选项”对话框中设置“方法”为“笔画排序”，如图6-37所示。可将数据区域按照“姓名”笔画的“升序”排序。

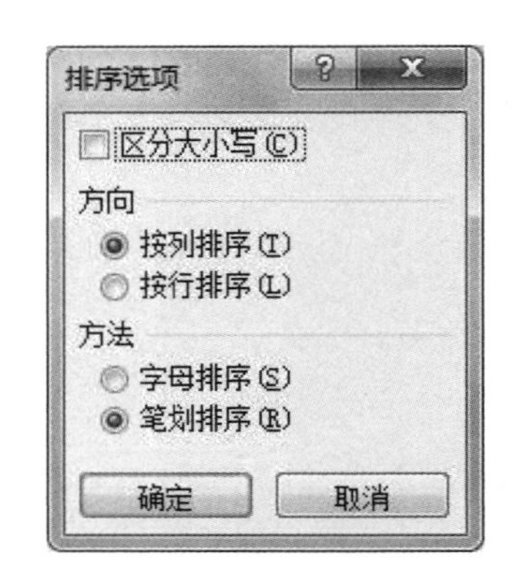

图6-37 排序选项

② 数据筛选

“筛选”是能够在大量的数据中找到符合条件的数据的一种方便快捷的方法。

将当前单元格定位到A2:I2的任一单元格处，单击【编辑】选项卡“排序和筛选”组中的“筛选”工具按钮，此时，列标题的A2:I2区域的每个标题都出现一个下拉按钮，单击“高数”列的下拉按钮，在弹出的菜单中选择“数字筛选”中的“大于或等于”菜单项，如图6-38所示。

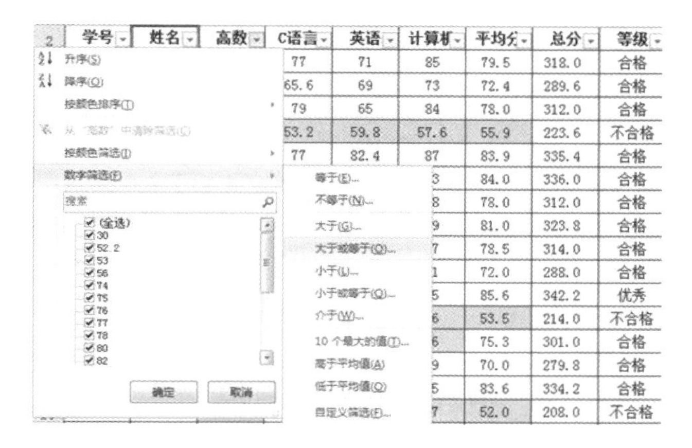

图 6-38　自动筛选

设置“自定义自动筛选方式”如图 6-39 所示，可以将高数成绩在[60，90)间的数据显示出来。

图 6-39　“高数”列的“自定义自动筛选方式”设置

同样的方法设置“C 语言的自定义筛选方式”如图 6-40 所示，此时数据区域显示出“高数”成绩在[60，90)间且“C 语言成绩”在[60，100)间的数据。

图 6-40　“C 语言”列的“自定义自动筛选方式”设置

单击“筛选”工具按钮就可以删除自动筛选效果。

6.5 任务小结

本次任务学习了：

1. Excel 的序列填充；
2. 单元格格式设置；
3. 公式与函数；
4. 插入图表。

6.6 任务拓展

使用 Excel 制作一份月生活费用清单。

任务七　设计校园简介

7.1　任务目标

使用 PowerPoint 2010 制作校园简介演示文稿。

7.2　主要步骤

1. 编辑幻灯片；
2. 插入图片，制作艺术字等；
3. 为演示文稿选用应用模板；
4. 修饰幻灯片背景；
5. 设置幻灯片的播放效果；
6. 幻灯片放映。

7.3　结果预览

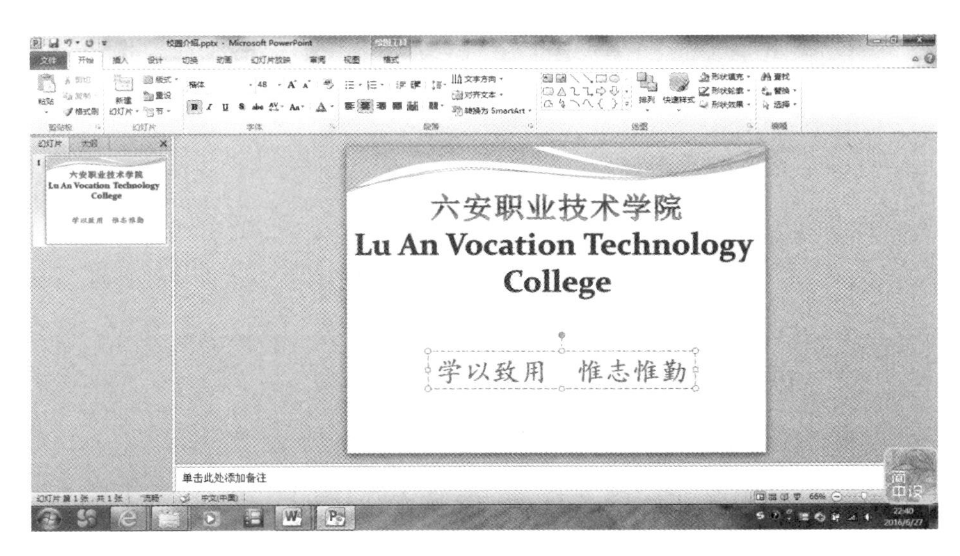

图 7-1　结果预览

7.4 任务实现

1. 新建 PowerPoint 文档

(1)启动 PowerPoint 2010

鼠标依次点选【开始】→【所有程序】→【Microsoft Office】，找到【PowerPoint 2010】菜单项后，单击该菜单项启动 PowerPoint 2010，如图 7－2 所示。

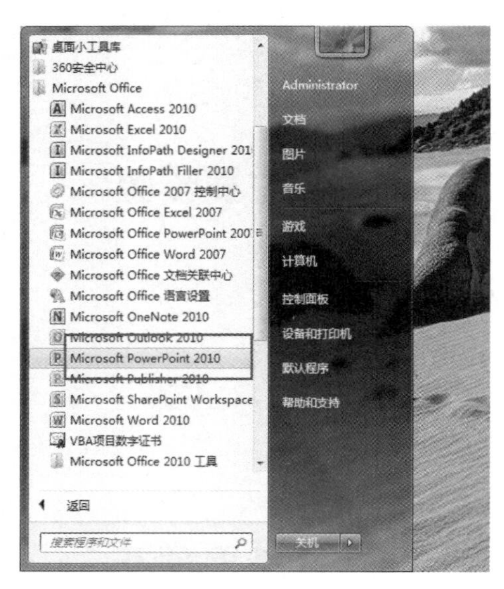

图 7－2　启动 PowerPoint 2010

(2)保存文档

在 PowerPoint 2010 中依次点选【文件】→【保存】，然后在“保存”对话框的“文件名”处输入“校园介绍”，完成后单击【保存】按钮，保存文件，如图 7－3 所示。

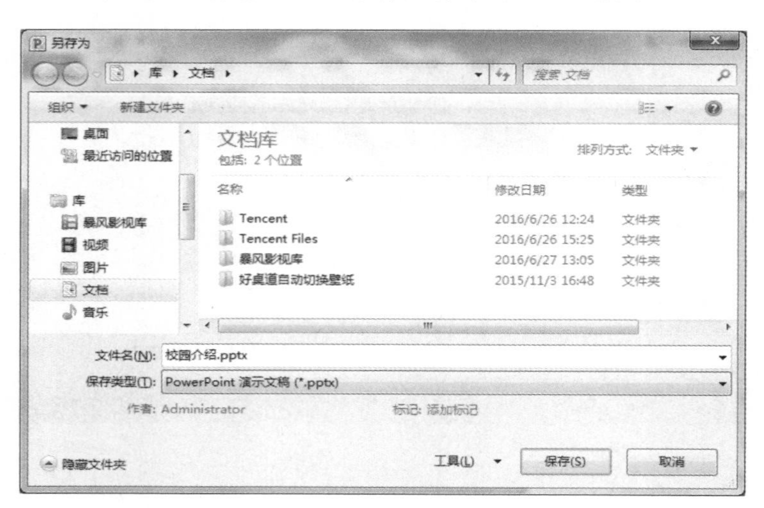

图 7－3　保存对话框

2. 选择 PowerPoint 幻灯片版式

在 PowerPoint 2010 中依次点选【开始】→【版式】，选择幻灯“标题幻灯片”，如图 7－4 所示。

图 7－4　选择幻灯片版式

3. 选择 PowerPoint 幻灯片设计模板

在 PowerPoint 2010 中依次点选【设计】→【主题】，选择“流畅”主题，如图 7－5 所示。

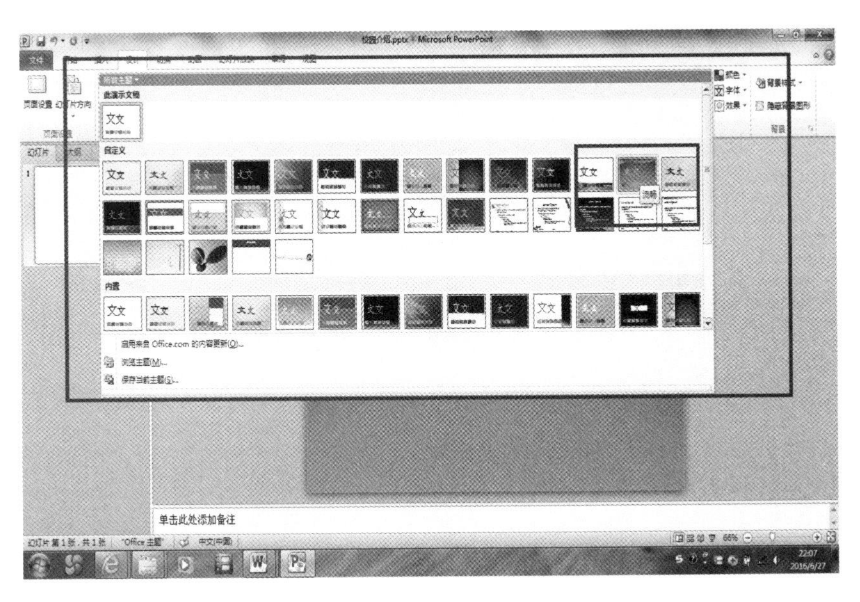

图 7－5　选择幻灯片设计模板

4. 编辑首张幻灯片文字

(1)插入艺术字

鼠标定位首张幻灯片，依次选择【插入】→【文本】，选择艺术字，如图 7－6 所示。

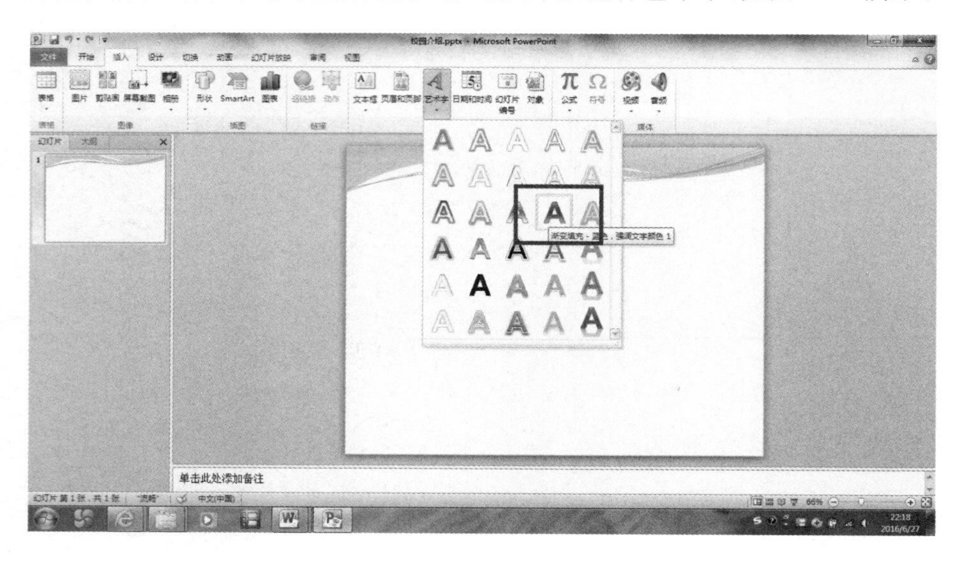

图 7－6　插入艺术字

输入文字：六安职业技术学院，英文：Lu An Vocation Technology College，设置英文字体为红色，调整艺术字的位置，如图 7－7 所示。

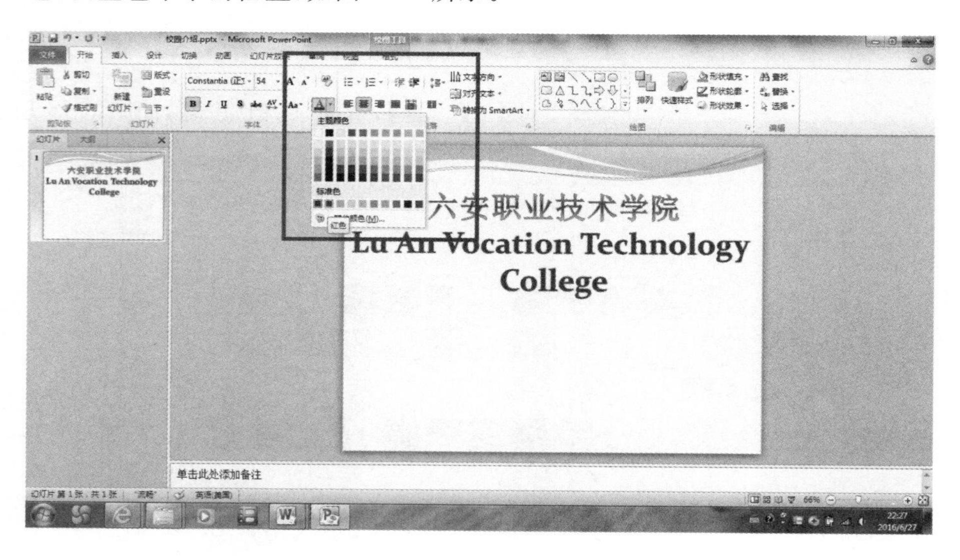

图 7－7　编辑艺术字

(2)插入文本框

鼠标定位首张幻灯片，依次选择【插入】→【文本】，选择“文本框”下拉键，选择“横排文本框”，在文本框中输入“学以致用　惟志惟勤”，设置文字字体为楷体，字号 48，颜色为蓝色，加粗，如图 7－8、7－9 所示。

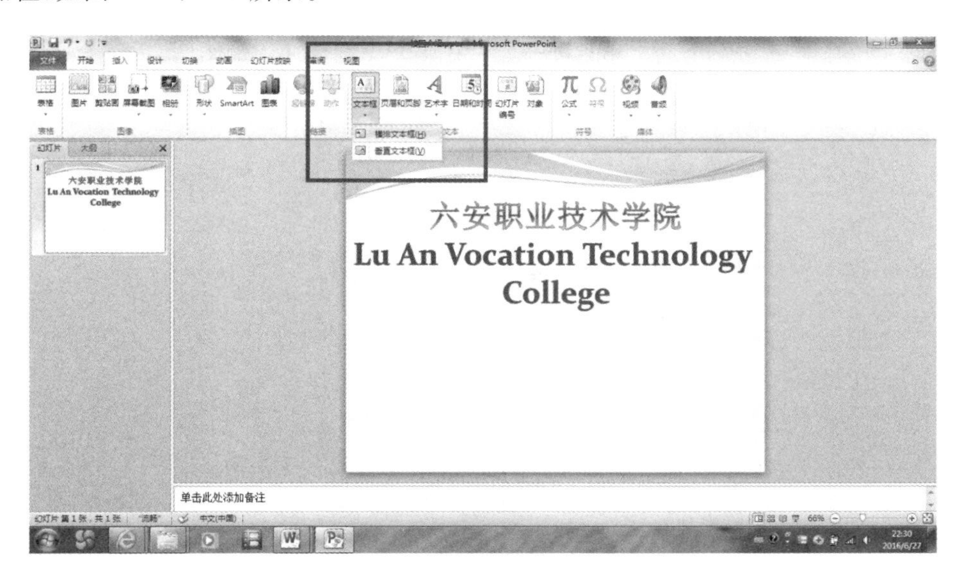

图 7－8　插入文本框

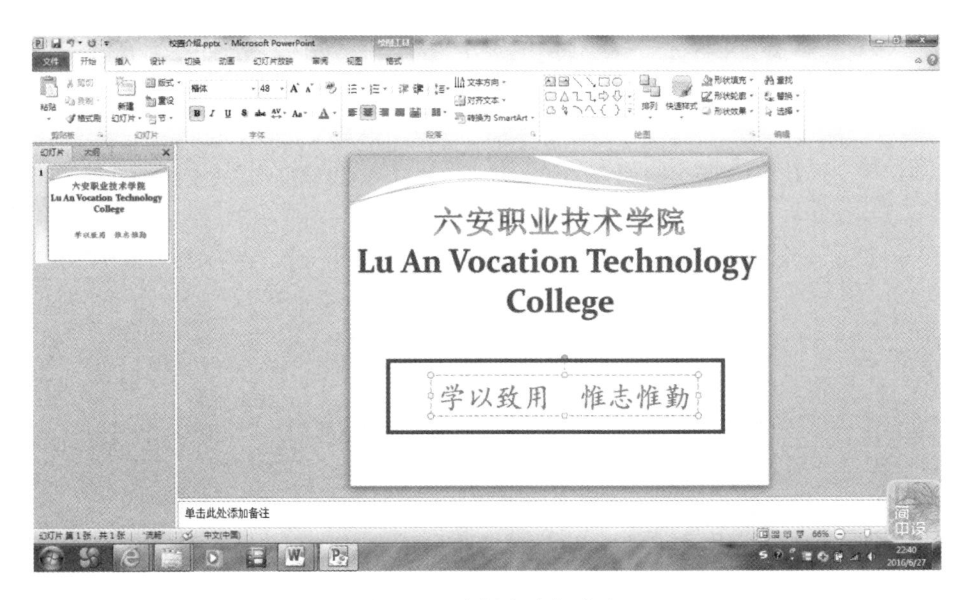

图 7－9　编辑文本框内容

5. 插入幻灯片

（1）在 PowerPoint 2010 中依次点选【开始】→【幻灯片】→【新建幻灯片】，选择【标题和内容】，在标题中输入“一、校园简介”，在内容文本框中输入校园简介内容，如图 7－10 所示。

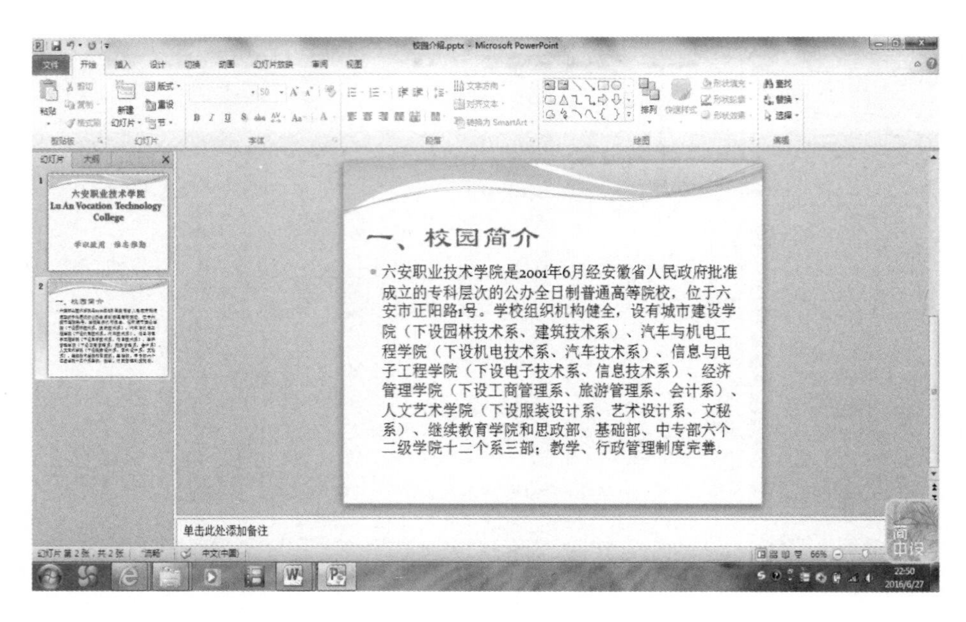

图 7－10　插入幻灯片

(2)重复上一步骤，再插入一张幻灯片，版式选择“两栏内容”，在标题中输入“二、校园风景”，在左、右两边的文本框中分别插入南大门和校园夜景图片，如图 7－11、7－12 所示。

图 7－11　插入“两栏内容”版式的幻灯片

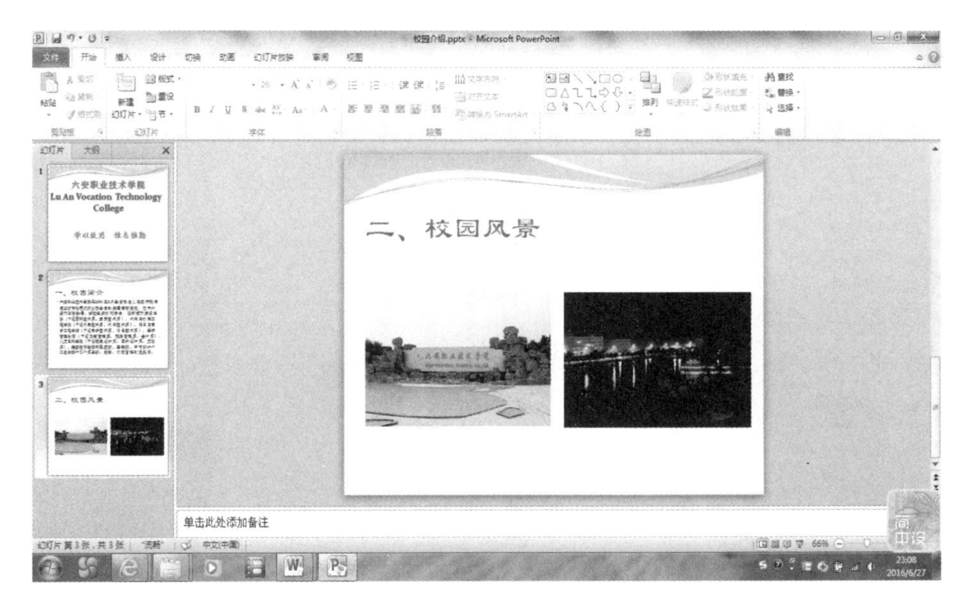

图 7 - 12　插入图片

6. 设置幻灯片的切换效果

在 PowerPoint 2010 中依次点选【切换】→【切换到此幻灯片】，选择“翻转”效果，在“计时”组中选择“全部应用”，如图 7 - 13 所示。

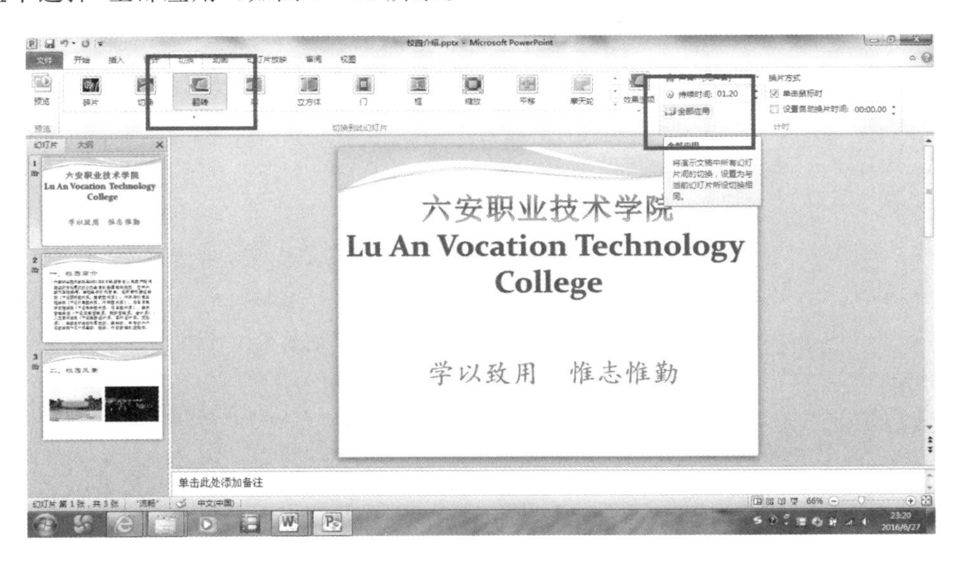

图 7 - 13　设置幻灯片切换效果

7. 设置幻灯片的动画效果

(1)选中第一张幻灯片，选择艺术字，依次点选【动画】→【飞入】，设置效果选项“自顶部”；选择文本框，依次点选【动画】→【飞入】，设置效果选项“自底部”；如图 7 - 14 所示。

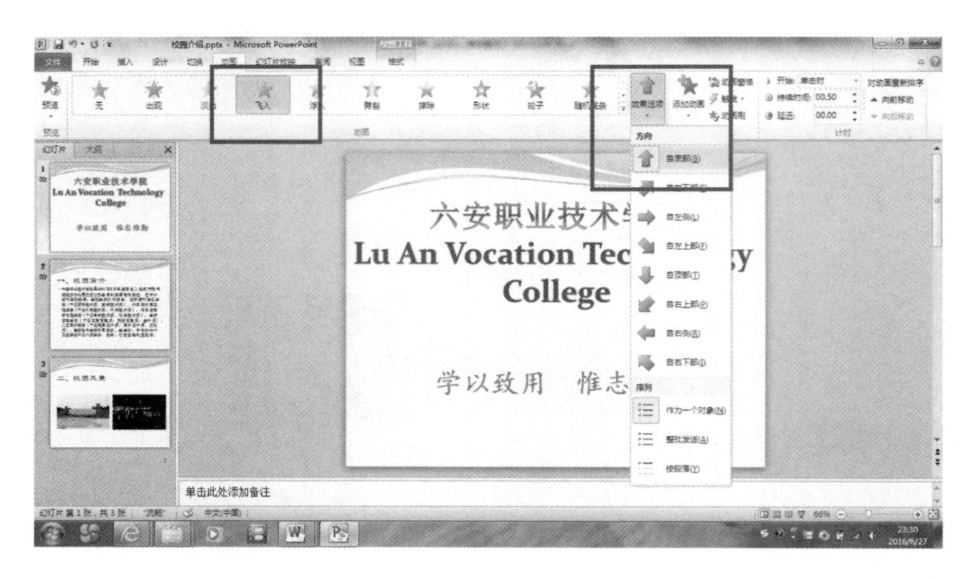

图 7-14 设置第一张幻灯片动画效果

(2)选中第二张幻灯片,选择内容文字文本框,依次点选【动画】→【强调】,选择“下划线”效果,如图 7-15 所示。

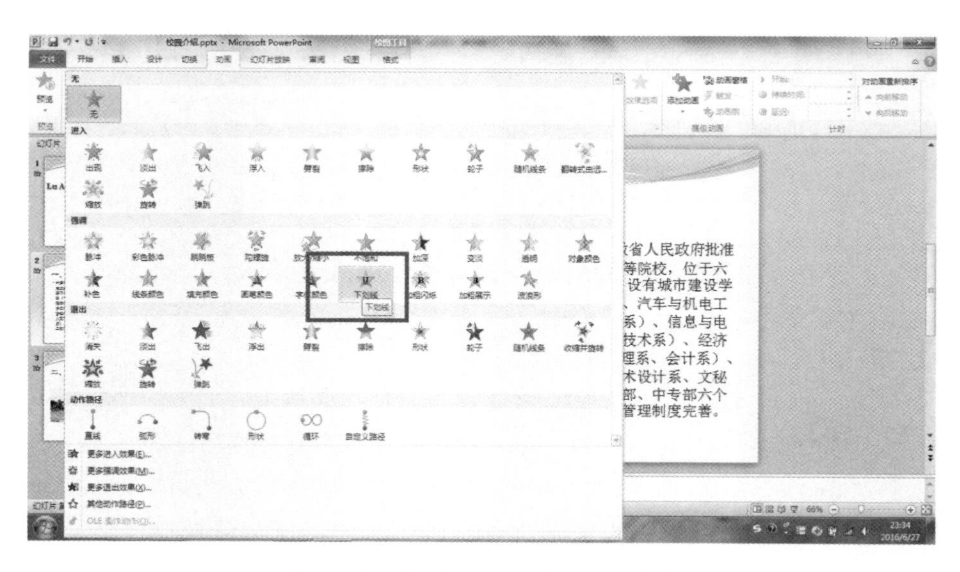

图 7-15 设置第二张幻灯片动画效果

(3)选中第三张幻灯片,按相同的方法再设置第三张幻灯片中的两张图片的动画效果。

8. 幻灯片的放映

在 PowerPoint 2010 中依次点选【幻灯片放映】→【开始放映幻灯片】,选择“从头开始”或者“从当前幻灯片开始”,或者选择“幻灯片放映”按钮,按 Esc 键结束放映,如图 7-16

所示。

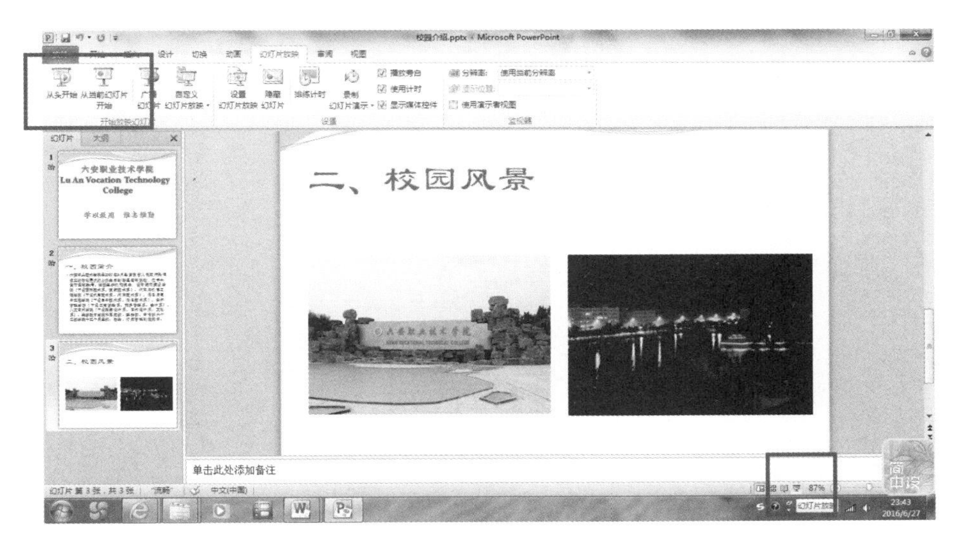

图 7-16　幻灯片放映

7.5　任务小结

本次任务学习了：

1. 编辑幻灯片；
2. 插入图片，制作艺术字等；
3. 为演示文稿选用应用模板；
4. 设置幻灯片的播放效果；
5. 幻灯片放映。

7.6　任务拓展

使用 PowerPoint 2010 制作一份自我介绍，要求包含本次任务涉及的所有效果。

任务八　网上购物

8.1　任务目标

熟悉淘宝购物流程，完成购物操作。

8.2　任务描述

1. 登录淘宝网；
2. 搜索浏览淘宝商品；
3. 联系卖家；
4. 购买宝贝；
5. 确认收货并评价。

8.3　结果预览

无。

8.4　任务实施

1. 登录淘宝网

(1)打开淘宝网首页

打开浏览器，在浏览器的地址栏中输入 www.taobao.com，进入淘宝首页，单击左上角“亲，请登录”，打开登录页面，如图 8-1 所示。

(2)用户登录

在登录界面，输入自己的账号，完成之后点击“登录”按钮，如图 8-2 所示。

(3)进入淘宝页面

进入淘宝网之后，就可以在页面的左上角看到自己的会员名，如图 8-3 所示。

说明：鼠标指向用户名，可以管理账号和退出账号，当我们登录淘宝时，购物结束后应该养成良好的退出账户习惯。

图 8－1　淘宝

图 8－2　登录

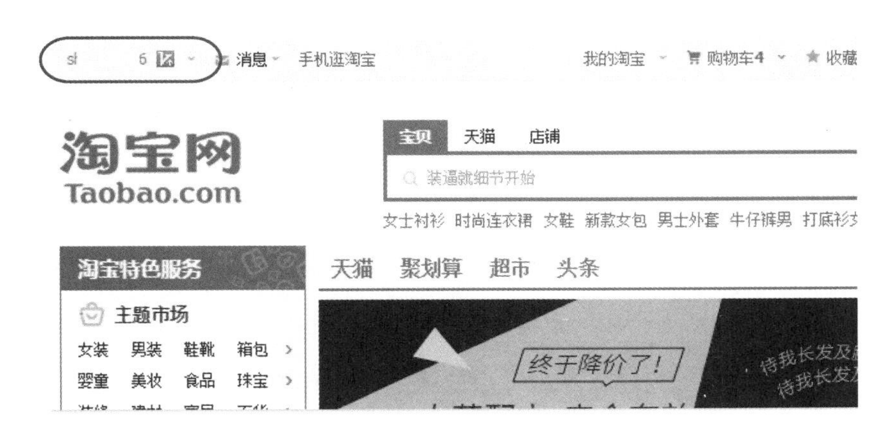

图 8－3　会员名

2. 浏览搜索淘宝商品

(1)登录淘宝之后,可以在淘宝页面的搜索栏输入商品名称等信息,搜索要购买的商品,如图 8-4 所示。

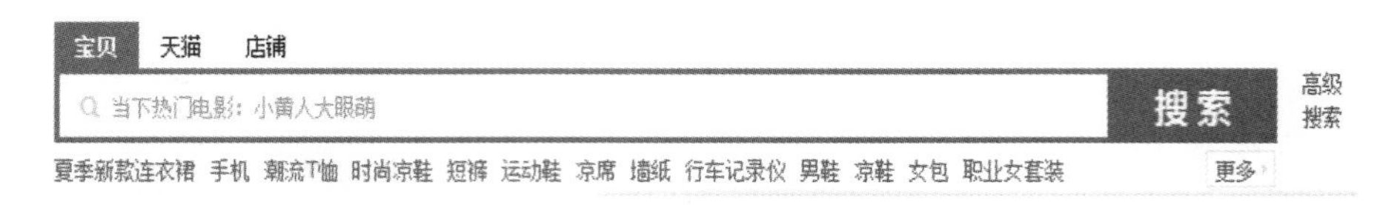

图 8-4 搜索

(2)可以在淘宝页面特色服务中分别在主题市场、特色购物、优惠促销中按类别寻找要购买的商品,如图 8-5 所示。

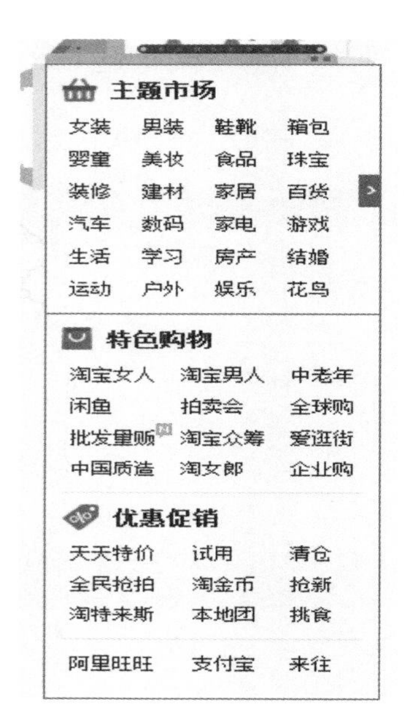

图 8-5 特色服务

(3)还可以在搜索框中输入店铺名称,搜索店铺,如图 8-6 所示。

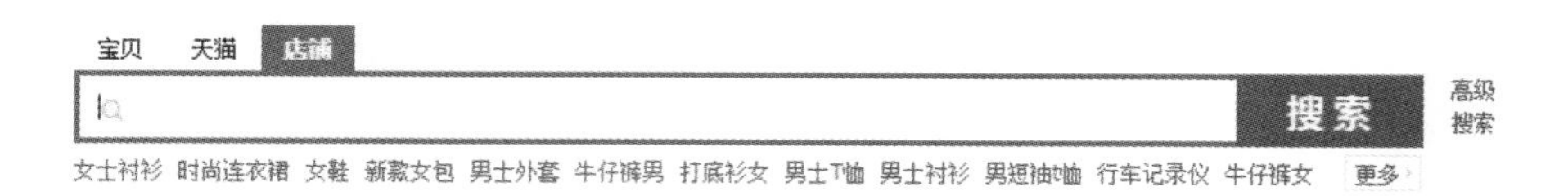

图 8-6 搜索店铺

(4)通过以上几种方式找到要买的商品后,在商品页面可以查看商品相关信息,包括颜色、型号、销售量、评价等等。

3. 联系卖家

查找到合适的商品后,可以通过淘宝中的阿里旺旺与卖家进行沟通,了解商品的详细信息,甚至可以和卖家讨价还价,具体操作方法如下:

(1)单击“和我联系”,蓝色小人头,在页面右下方会弹出对话框,如图 8-7 所示。

图 8-7 卖家

(2)在系统弹出的对话框中,点击“继续使用网页版”,打开聊天框,如图 8-8 所示。

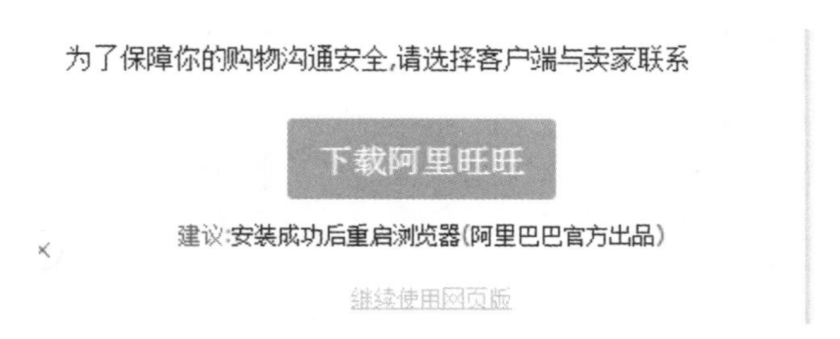

图 8-8 聊天对话框

(3)与卖家沟通

系统自动弹出与卖家对话窗口,通过该窗口可以和卖家即时沟通,其方式与 QQ 类似,买家可以咨询商品型号、颜色,商讨价格等,如图 8-9 所示。

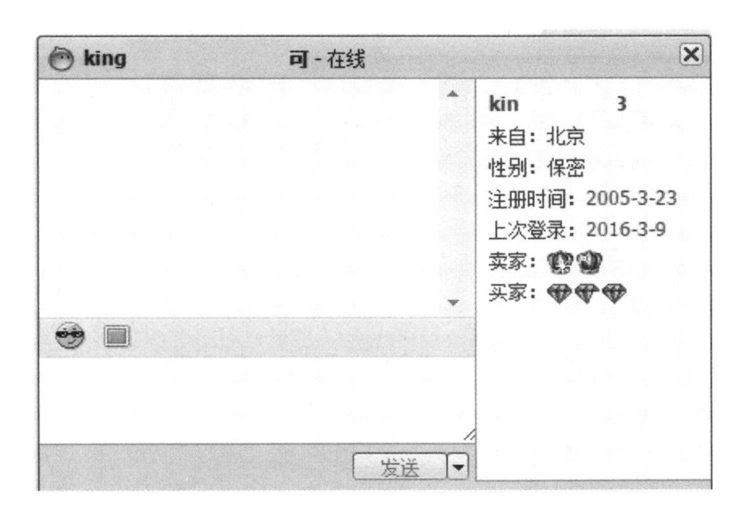

图 8-9 聊天

4. 购买宝贝

在淘宝网上挑好商品，与卖家沟通之后，就可以进行购买了。

(1)立刻购买方式

在打开的商品详细信息页面中，选择尺码、颜色、数量，单击“立即购买”按钮，如图 8－10 所示。

图 8－10　立即购买

(2)填写收货信息

打开“确认订单”页面，第一次购买需要在该页面中填写收货地址和收货人信息，单击确定按钮，第一次的收货信息将作为以后购买商品的默认信息，后续也可以根据需要进行修改，如图 8－11 所示。

图 8－11　收货地址

(3)提交订单

在“确认购买信息”选项组中输入自己要购买的数量，然后选择一种运送方式，单击“提交订单”按钮，提交订单。

(4)支付货款

打开“支付宝－网上支付”页面，在“支付宝支付密码”文本框输入支付密码，单击“确认付款”按钮，支付货款，如图 8－12 所示。

图 8－12　支付货款

(5)付款成功

在页面中可看到付款成功提示，等待卖家发货。

5. 确认收货并评价

进入“我的淘宝”之后，可以看到待付款，代发货，待收货，待评价等信息，如图 8－13 所示。

图 8－13　确认收货

(1)待付款

商品下订单以后，付宝余额不足或者准备多种商品同时付款等原因，可以暂时不付款，退出付款页面，如若继续付款，在“我的淘宝”页面中，可选择“待付款”，进入付款页面，点击立即付款，进入付款页面，继续付款，如图 8－14 所示。

图 8－14　待付款

(2)待发货

下订单并付款成功之后，便进入等待卖家发货状态，卖家根据买家需求包装商品发货。

(3)待收货

卖家发货之后收货时间由卖家发货时间和物流决定，买家可以在该页面查看物流信息。当收到商品并检查无误时，即可选择确认收货，确认收货时需要再次输入支付宝密码，将钱由第三方支付宝转入卖家账号，交易完成，在已买到的宝贝中显示交易成功。

注意：确认收货之前，一定要先确定已经收到货，并检查无误。

(4)待评价

点击“评价”，进入评价页面，根据你收到商品的情况给卖家做出相应评价，除了输入内容之外，还应该选择星级，并点击“发表评论”按钮提交评价内容，系统会提示评价成功，如图 8-15 所示。

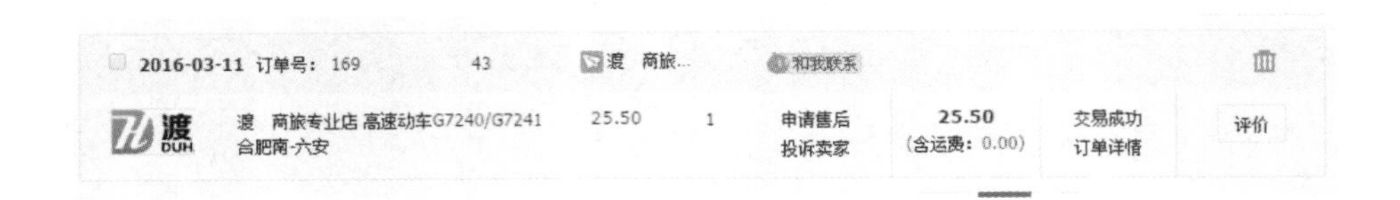

图 8-15 评价

(5)申请退货退款

如果买到的商品与事实不符，不满意，可以申请退货退款，或者更换，商品寄回的费用要与卖家协商。

① 打开“已买到的宝贝”页面，找到需要退货的商品，单击“退货/退款”链接，如图 8-16 所示。

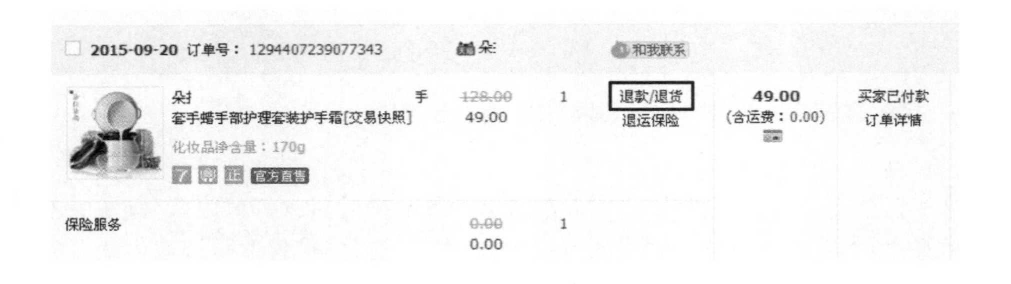

图 8-16 退货/退款

② 进入到“申请退款”页面，如果没有收到货，单击“我要退款”；如果收到货，单击“我要退货”。

③ 在“申请退款”页面中退款原因列表中选择退款原因，填写退款金额和退款说明，单

击“提交退款申请”。等待卖家处理退货申请，如图 8－17 所示。

图 8－17　提交退款申请

8.5　任务小结

本次任务学习了：

1. 搜索商品；
2. 购买商品；
3. 网上支付；
4. 评价商品。

8.6　任务拓展

通过 12306 网站购买火车票。

任务九 开设淘宝网店

9.1 任务目标

熟悉开设淘宝网店的流程。

9.2 主要步骤

1. 注册账号；
2. 开店认证；
3. 设置店铺基本信息；
4. 设置运费模板；
5. 管理宝贝。

9.3 结果预览

图 9－1　淘宝网店

9.4　任务实现

1. 注册淘宝会员账号

(1)注册

登陆淘宝网，点击网页的左上角的“免费注册”链接，打开注册页面。

(2)验证账户信息

在打开的页面中输入手机号码，然后拖动滑块到最右边(图 9－2)，验证通过后，进行手机短信验证，系统会向该号码发送一个 6 位校验码，在“验证码”文本框中输入收到的验证码，单击“验证”按钮，如图 9－3 所示。

图 9－2　手机号　　　　图 9－3　短信验证

(3)填写账户信息

在打开的网页填写账户信息。

2. 申请开店认证

成功注册了淘宝账号之后，开店前要进行支付宝实名认证，主要步骤如下。

(1)打开淘宝网，登录账号，在网页右上角找到“卖家中心”，点击“卖家中心”，打开免费开店页面，如图 9－4 所示。

图 9－4　免费开店

(2)在免费开店页面点击“个人开店”，然后点击支付宝实名认证后面的“重新认证”，按照系统提示的要求填写完毕后，点击“确定”按钮，申请开店认证，如图 9－5 所示。

图 9－5　开店认证

(3)点击“立即认证”按钮，根据系统页面的提示输入相关信息，并提交事先准备的照片，完成后点击“提交”按钮，等待淘宝审核，如图 9－6 所示。

图 9－6　等待认证

审核时间一般是 2 天左右，如果认证照片拍摄的清楚，4、5 个小时后就能通过审核，通过审核后，点击“卖家中心”→“马上开店”→“创建店铺”，就可以开店啦！

3. 店铺基本设置

在“卖家中心”中选择“店铺基本设置”，填写店铺的基本信息、店铺的标志、店铺简介以及地址和店铺介绍，如图 9－7 所示。

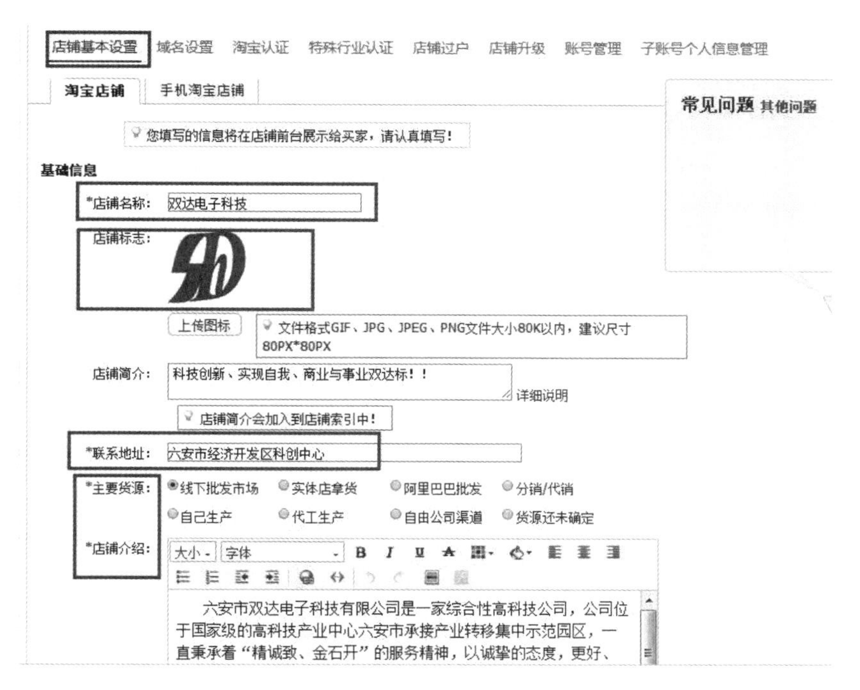

图 9－7　店铺基本设置

4. 运费模板设置

在"卖家中心"选择"物流管理"，可以设置一个独立的服务商，选择一家快递公司，也可以设置运费模板，设置通用运费格式，如图 9－8 所示。

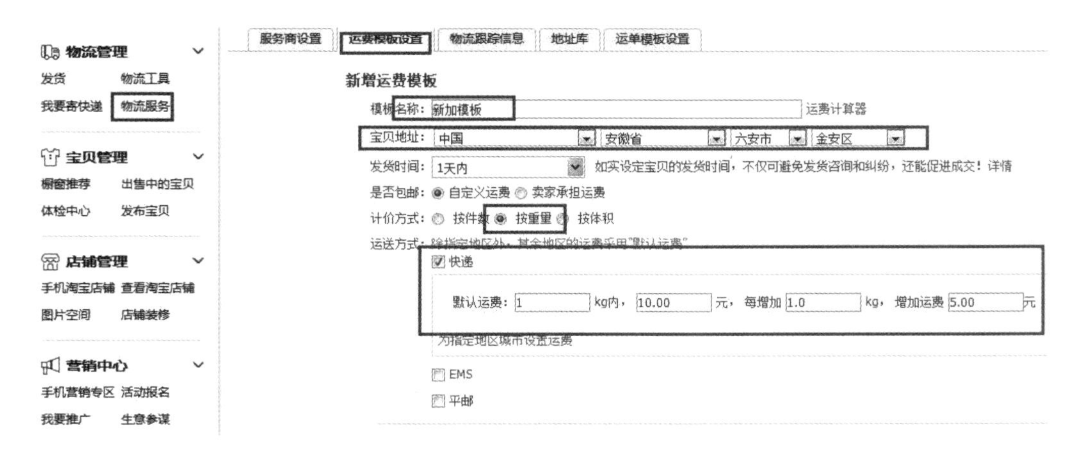

图 9－8　运费模板设置

5. 宝贝管理

在宝贝管理中，选择"发布宝贝"，然后选择需要发布宝贝的类别和宝贝的相关信息，也可以采用"淘宝助理"快速编辑、发布宝贝，如图 9－9 所示。

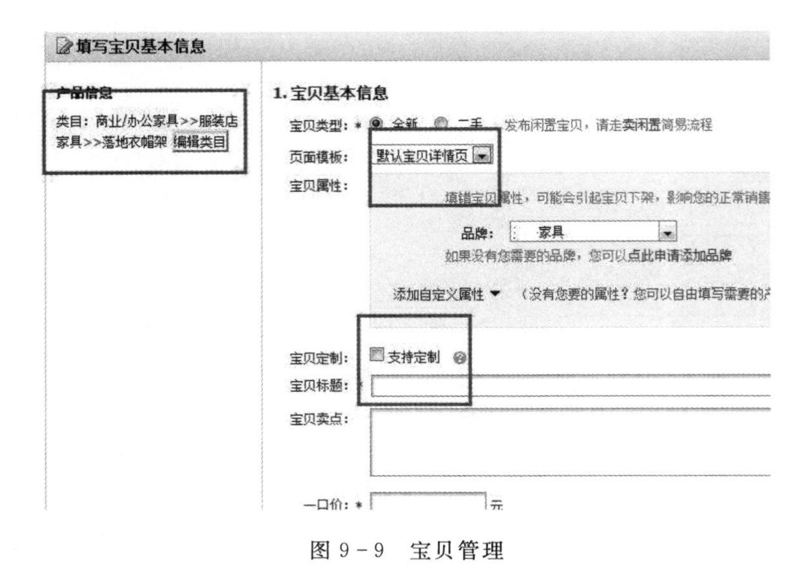

图 9－9　宝贝管理

9.5　任务小结

本次任务学习了：

开设淘宝网店的流程。

9.6　任务拓展

结合学校创业课程整理运营淘宝网店的相关知识。

任务十　开设微店

10.1　任务目标

学会利用微信开设微店。

10.2　主要步骤

1. 微店功能介绍；
2. 注册微店；
3. 管理微店。

10.3　结果预览

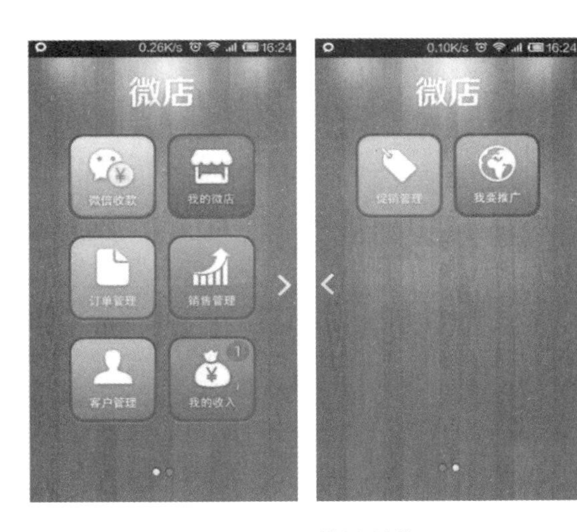

图 10－1　结果预览

10.4　任务实现

1. 注册微店

(1)在智能手机中下载微店 APP 并安装，安装完成后，打开微店 APP，选择注册，如图

10－2 所示。

图 10－2　微店注册

（2）填写自己的手机号码，设置密码，输入相关的注册信息，进行实名认证，如图 10－3 所示。

图 10－3　输入注册信息

（3）输入店铺名称，店铺图标，也可以绑定微信号，完成创建店铺，如图 10－3 所示。

2. 管理微店

（1）登录微店以后，可以对自己的微店进行管理，包括出售物品、收款、绑定银行卡、提现等。

（2）打开我的微店，进行商品预览，依次输入商品信息，完成后可以预览商品信息，发现错误可编辑修改，如图 10－5 所示。

图 10－4　创建店铺

图 10－5　输入商品信息

(3)依次添加其余的商品，完成货品上架，完成后可以进行推广，宣传到朋友圈、空间、微博等社交媒体，微信分享的产品链接会出现在微信账号的朋友圈，朋友可分享推广，如图10－6所示。

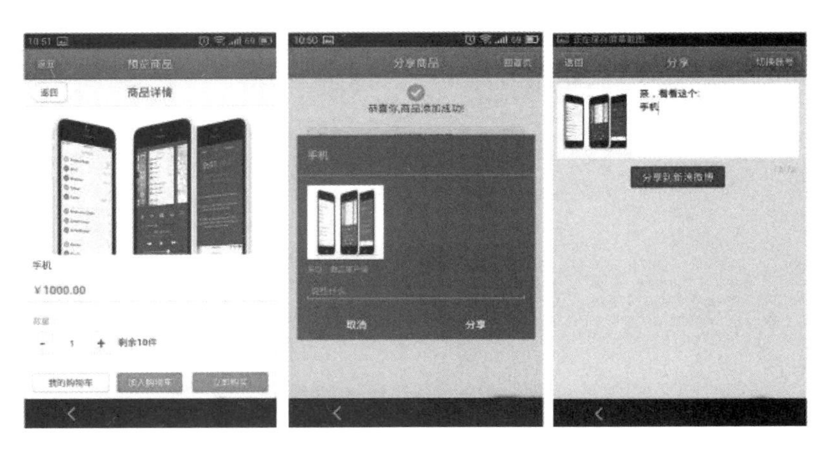

图 10－6　分享推广

3. 商品搬家

如果之前有淘宝店铺，可以通过微店提供的功能快速地将淘宝店铺中的宝贝搬家到微店里，主要步骤如下。

(1)打开微店软件，进入微店后台，点击右下角的“设置”，然后点击“淘宝搬家助手”选项，进入搬家页面如图 10－7 所示。

图 10－7　打开微店设置

(2)根据需要选择“快速搬家”或“普通搬家”，如图 10－8 所示。

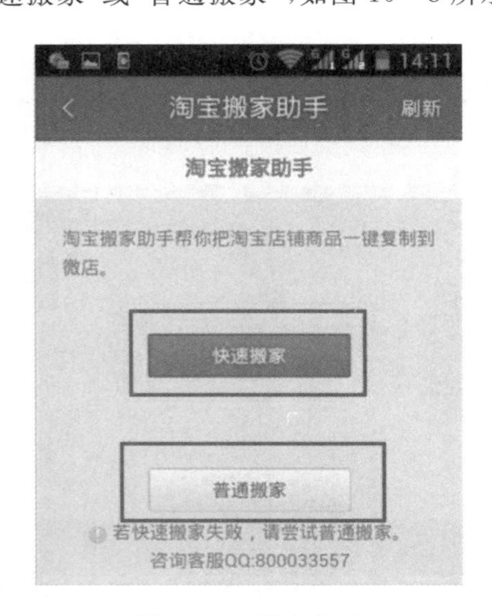

图 10－8　搬家界面

(3)进入后，输入淘宝店铺的会员名和密码，点击“登录”，如图 10－9 所示。

图 10－9　淘宝会员登录

(4)登录后，会显示等待搬家的界面，如图 10－10 所示。

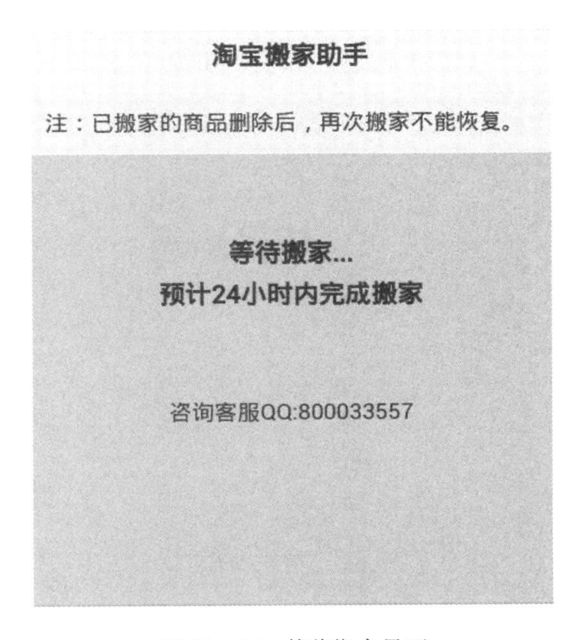

图 10－10　等待搬家界面

(5)搬家完成后会出现“搬家成功”的提示，这时返回店铺就能看到淘宝的宝贝已经搬进微店了，如图 10－11 所示。

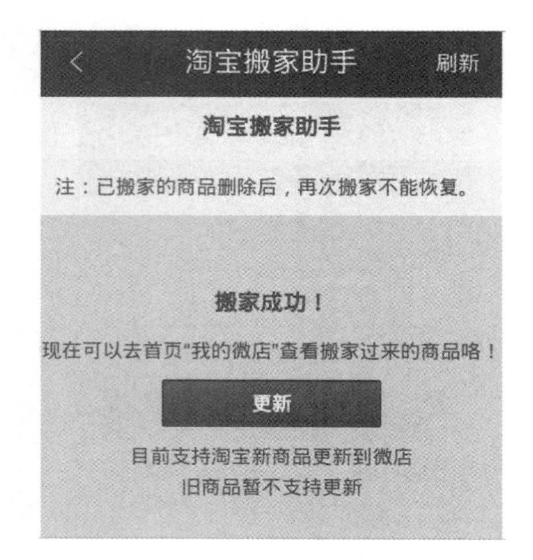

图 10－11　搬家成功提示

10.5　任务小结

本次任务学习了：

1. 如何利用微信注册微店；
2. 微店的基本操作；
3. 注册微店后如何管理微店。

10.6　任务拓展

结合学校创业课程整理运营微店的相关知识。

任务十一 检索专业概况

11.1 任务目标

使用搜索引擎查找专业信息并整理。

11.2 主要步骤

1. 打开 Internet Explorer 浏览器；
2. 打开百度网站；
3. 使用百度高级检索搜索专业概况信息。

11.3 结果预览

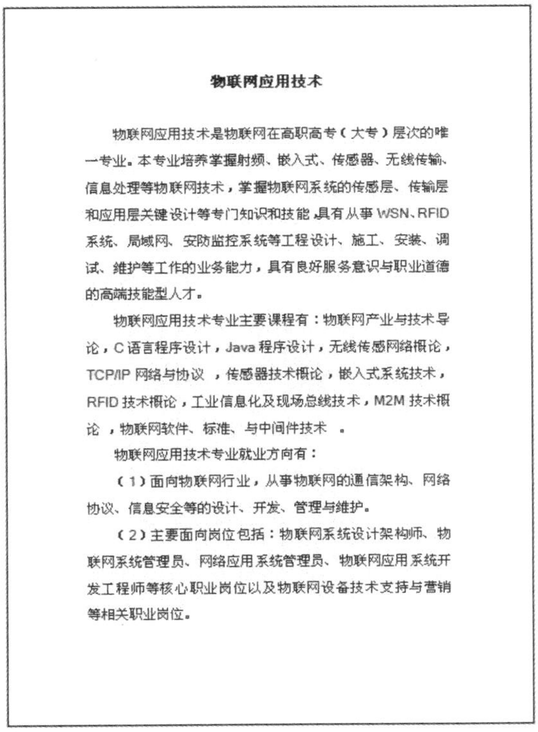

物联网应用技术

物联网应用技术是物联网在高职高专（大专）层次的唯一专业。本专业培养掌握射频、嵌入式、传感器、无线传输、信息处理等物联网技术，掌握物联网系统的传感层、传输层和应用层关键设计等专门知识和技能，具有从事 WSN、RFID 系统、局域网、安防监控系统等工程设计、施工、安装、调试、维护等工作的业务能力，具有良好服务意识与职业道德的高端技能型人才。

物联网应用技术专业主要课程有：物联网产业与技术导论，C 语言程序设计，Java 程序设计，无线传感网络概论，TCP/IP 网络与协议 ，传感器技术概论，嵌入式系统技术，RFID 技术概论，工业信息化及现场总线技术，M2M 技术概论 ，物联网软件、标准、与中间件技术 。

物联网应用技术专业就业方向有：

（1）面向物联网行业，从事物联网的通信架构、网络协议、信息安全等的设计、开发、管理与维护。

（2）主要面向岗位包括：物联网系统设计架构师、物联网系统管理员、网络应用系统管理员、物联网应用系统开发工程师等核心职业岗位以及物联网设备技术支持与营销等相关职业岗位。

图 11－1 结果预览

11.4 任务实现

1. 打开 Internet Explorer 浏览器

鼠标依次点选【开始】→【所有程序】→【Internet Explorer】，找到【Internet Explorer】菜单项后，单击该菜单项启动 Internet Explorer 浏览器，如图 11－2 所示。

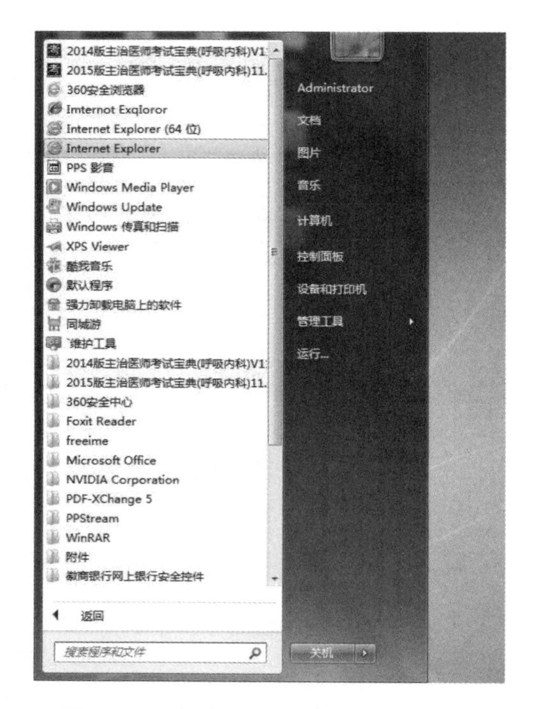

图 11－2　启动 Internet Explorer 浏览器

2. 打开百度网站

在 Internet Explorer 浏览器的地址栏中输入网址：www.baidu.com，并回车，访问百度网站，如图 11－3 所示。

图 11－3　打开百度网站

3. **检索专业概况**

(1)检索物联网应用技术专业概况

① 在百度页面的搜索框中输入“物联网应用技术”,点击“百度一下”,出现相应的搜索结果页面,如图 11-4 所示。

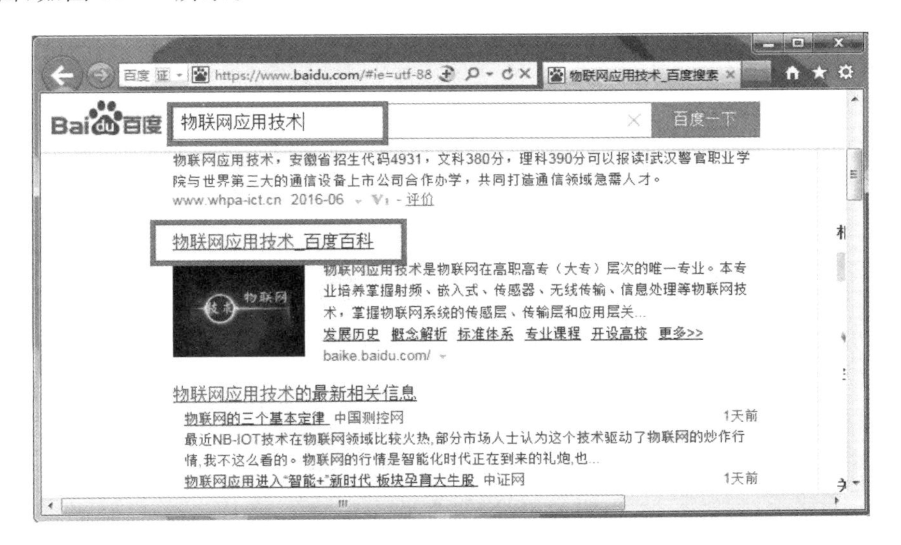

图 11-4 检索物联网应用技术专业

② 点击搜索结果页面中的“物联网应用技术——百度百科”,会出现物联网应用技术的专业介绍,如图 11-5 所示。

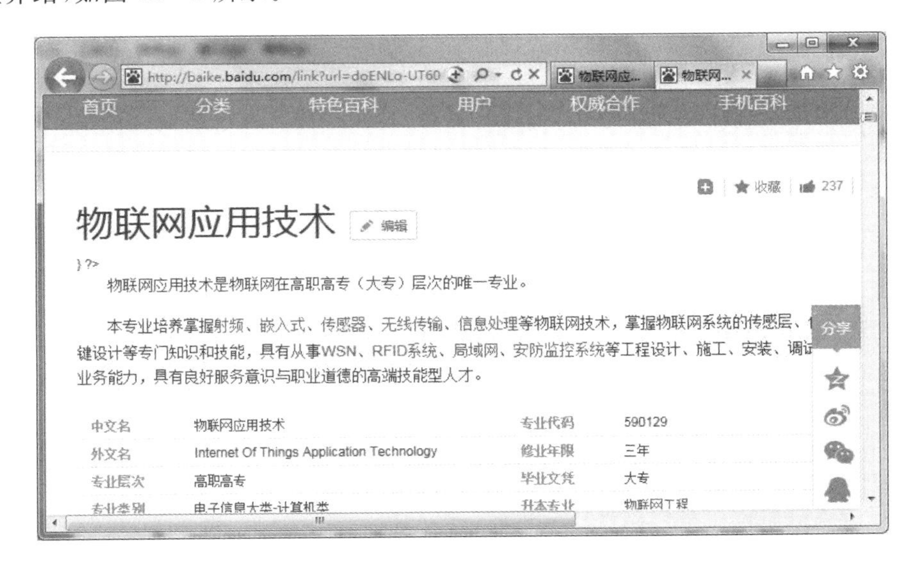

图 11-5 物联网应用技术专业介绍

(2)检索物联网应用技术主要课程

① 在百度页面的搜索框中输入“物联网应用技术　主要课程”,点击“百度一下”,出现

相应的搜索结果页面，如图 11－6 所示。

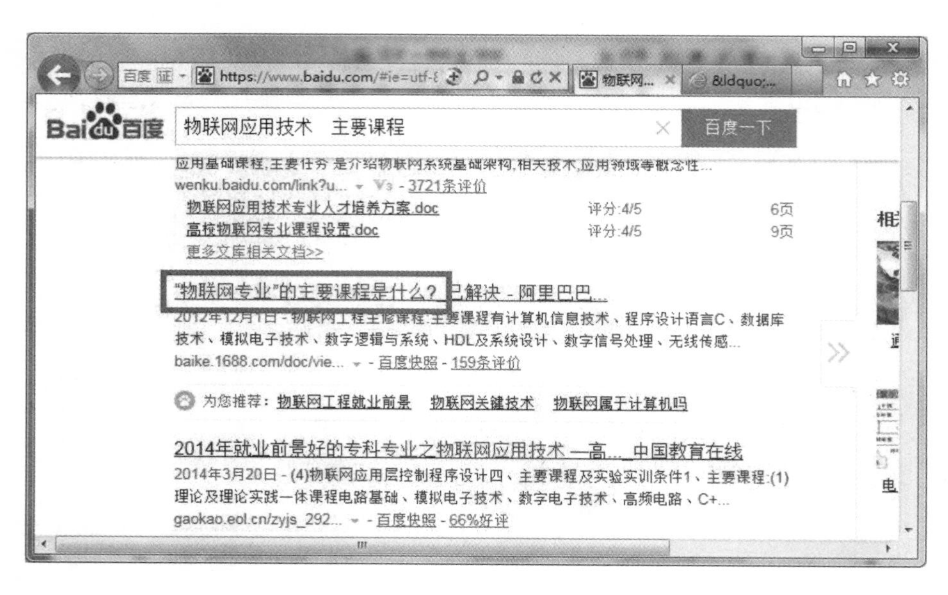

图 11－6　检索物联网应用技术主要课程

② 点击搜索结果页面中的"物联网专业的主要课程是什么？"，会出现物联网应用技术专业的主要课程介绍，如图 11－7 所示。

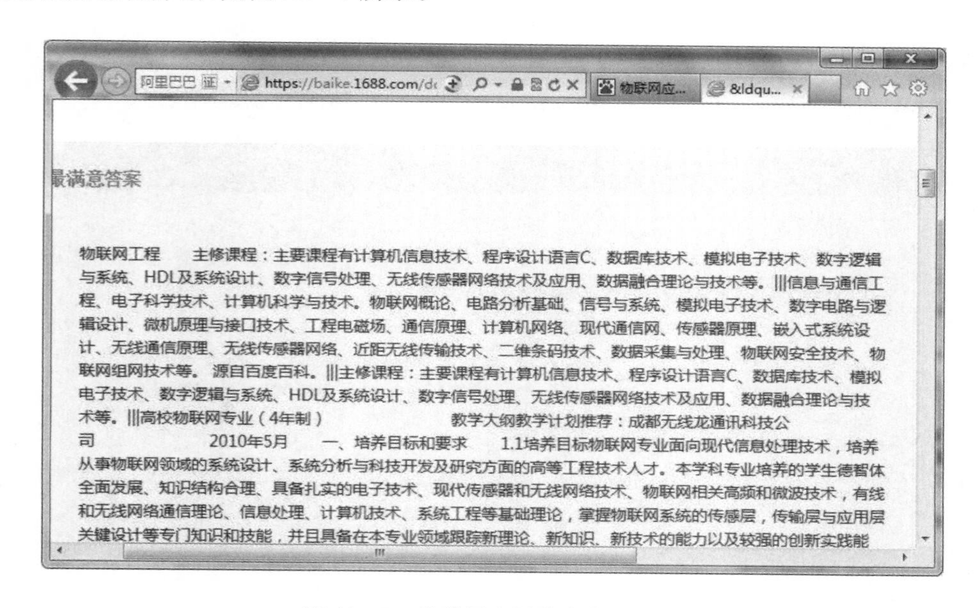

图 11－7　物联网应用技术主要课程

(3)检索物联网应用技术专业的工作岗位或就业方向信息

在百度页面的搜索框中输入"物联网应用技术工作岗位|就业方向"，点击"百度一下"，出现相应的搜索结果页面，如图 11－8 所示。

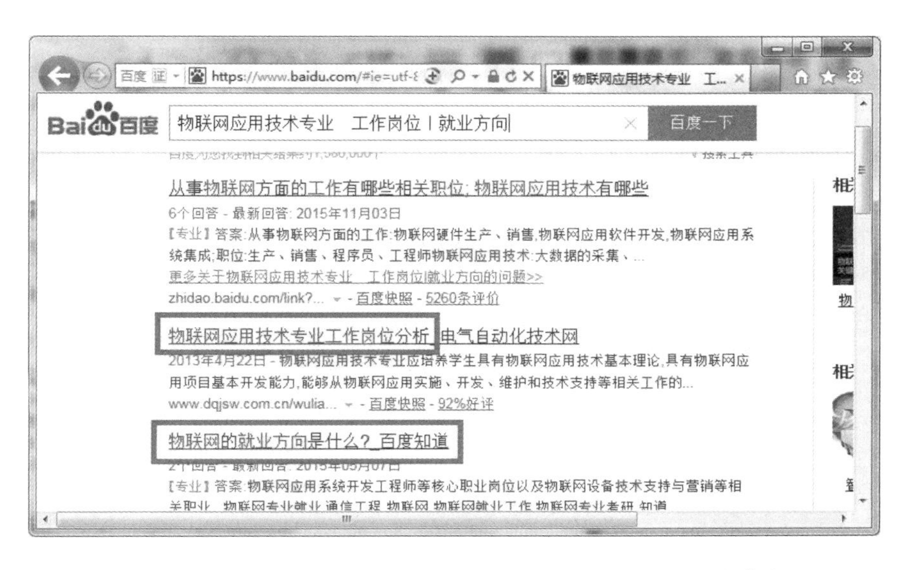

图 11－8　检索物联网应用技术专业的工作岗位或就业方向信息

(4)整理检索信息结果

整理搜索到的相关信息,整理后的结果如图 11－9 所示。

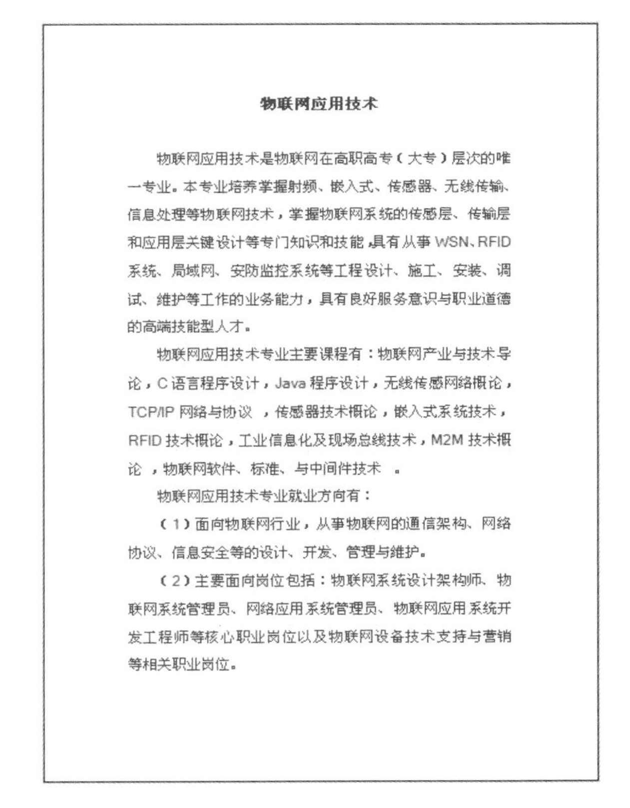

物联网应用技术

物联网应用技术是物联网在高职高专(大专)层次的唯一专业。本专业培养掌握射频、嵌入式、传感器、无线传输、信息处理等物联网技术,掌握物联网系统的传感层、传输层和应用层关键设计等专门知识和技能,具有从事 WSN、RFID 系统、局域网、安防监控系统等工程设计、施工、安装、调试、维护等工作的业务能力,具有良好服务意识与职业道德的高端技能型人才。

物联网应用技术专业主要课程有:物联网产业与技术导论,C 语言程序设计,Java 程序设计,无线传感网络概论,TCP/IP 网络与协议,传感器技术概论,嵌入式系统技术,RFID 技术概论,工业信息化及现场总线技术,M2M 技术概论,物联网软件、标准、与中间件技术。

物联网应用技术专业就业方向有:

(1)面向物联网行业,从事物联网的通信架构、网络协议、信息安全等的设计、开发、管理与维护。

(2)主要面向岗位包括:物联网系统设计架构师、物联网系统管理员、网络应用系统管理员、物联网应用系统开发工程师等核心职业岗位以及物联网设备技术支持与营销等相关职业岗位。

图 11－9　整理检索物联网应用技术专业相关信息

11.5 任务小结

本次任务学习了：

1. 打开信息检索网页；
2. 搜索引擎高级语法使用(与)；
3. 搜索引擎高级语法使用(或)；
4. 整理相关检索信息。

11.6 任务拓展

使用百度检索物联网应用技术应用场景。

主要参考文献

1. (美)Silberschatz 等著:数据库系统概论．杨冬青,唐世渭等译,北京:机械工业出版社,2003.
2. 闵东．计算机选配与维修技术．北京:清华大学出版社,2004.
3. 全国高校网络教育考试委员会办公室．计算机应用基础(2007 年修订版)．北京:清华大学出版社,2007.
4. 邢铁申,冯冰．计算机应用基础(windows xp+office 2007)．西安:西北工业大学出版社,2009.
5. 王珊,萨师煊．数据库系统概论第 5 版．北京:高等教育出版社,2014.
6. 张伟,卢鸣．SQL Server 数据库原理及应用．南京:东南大学出版社,2014.
7. 李征．大学计算机．北京:高等教育出版社,2014.
8. 黄军．计算机应用基础．北京:北京理工大学出版社,2015.
9. 蒋国松．计算机组装与维护．北京:清华大学出版社,2015.
10. 刘石丹．计算机文化基础．成都:四川大学出版社,2015.